人工智能基础

（原书第2版）

［日］ 马场口登　山田诚二　著
张　丹　译

机 械 工 业 出 版 社

本书把近年来AI的发展历程中的重要事件一一进行了梳理，不仅回顾了AI的诞生、发展，还详细归纳整理了当前AI研究的核心问题——规划、推论、机器学习等，又在此基础上对人工智能未来的发展方向给出了一定的预期，包括分散AI及进化计算等方面，很好地回答了所谓“人工智能的基础究竟是什么”这一问题。本书内容直观全面，用词简洁易懂，阐述深入浅出，科普性较强，可以说本书既是一本AI入门级阅读资料，又是一本适合各大高校开设人工智能专业非常具有可选性和实用性的基础教材。

图书在版编目（CIP）数据

人工智能基础：原书第2版/(日)马场口登,(日)山田诚二著；张丹译.—北京：机械工业出版社，2020.7

ISBN 978-7-111-65828-3

Ⅰ.①人… Ⅱ.①马… ②山… ③张… Ⅲ.①人工智能－基本知识 Ⅳ.①TP18

中国版本图书馆CIP数据核字（2020）第098835号

机械工业出版社（北京市百万庄大街22号 邮政编码100037）

策划编辑：任 鑫 责任编辑：任 鑫

责任校对：王 延 封面设计：马精明

责任印制：张 博

三河市国英印务有限公司印刷

2020年10月第1版第1次印刷

184mm×240mm·9.5印张·208千字

0 001—2 200册

标准书号：ISBN 978-7-111-65828-3

定价：59.00元

电话服务

客服电话：010-88361066

010-88379833

010-68326294

封底无防伪标均为盗版

网络服务

机 工 官 网：www.cmpbook.com

机 工 官 博：weibo.com/cmp1952

金 书 网：www.golden-book.com

机工教育服务网：www.cmpedu.com

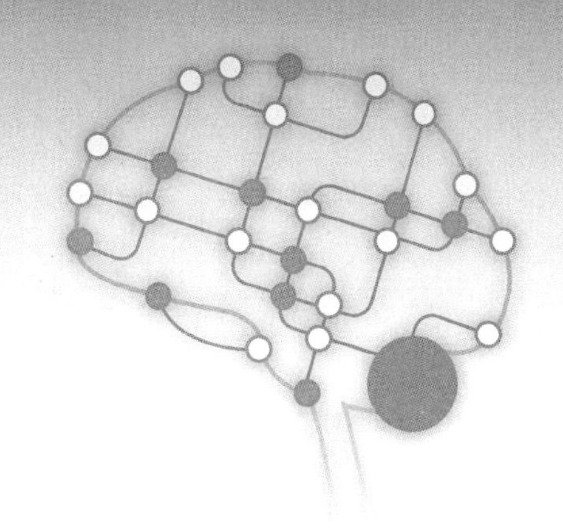

译者序

近年来，人工智能一词热度不减，各个领域都将其视作未来发展中具备相当竞争力的主流方向。尤其是 AlphaGo 的出现，更是让人工智能走近了人们的生活，让更多的人了解到了人工智能。随着更多学习算法的深入研究，人工智能进入了发展的快车道，人脸识别、无人驾驶、自然语言处理等技术，更是让人们体会到了 AI 带来便捷。

本书把近 15 年来 AI 发展历程中的重要事件一一梳理，不仅回顾了 AI 的诞生、发展，还详细归纳整理了当前 AI 研究的核心问题——规划、推论、机械学习等，又在此基础上对人工智能未来的发展方向给出了一定的预期，包括分散 AI 及进化计算等方面，很好地回答了所谓“人工智能的基础究竟是什么”这一问题。全书内容直观全面，用词简洁易懂，阐述深入浅出，科普性较强，可以说本书既是一本 AI 入门级阅读资料，又是适合各大高校开设人工智能专业非常具有可选性和实用性的基础教材。

人工智能一词虽已司空见惯且耳熟能详，但要准确翻译本书确实不易，因此在翻译过程中译者也是查阅了大量的资料来研究术语的表达，反复推敲一些理论的说法，虽说殚精竭虑但却进度缓慢。直至译完最后一字，才发觉在此过程中，对人工智能从起源至今的历程以及人工智能技术本省有了更深刻了解和掌握，大大拓宽了我的认知范围，不亦乐乎!

本书在翻译过程中，得到了南京信息工程大学张庆芳、聂云倩、姜妮娅以及秦赫等的鼎力相助，再次表示感谢!

由于译者水平有限，书中不当或错漏之处恳请业内专家学者和广大读者批评指正。

译　者

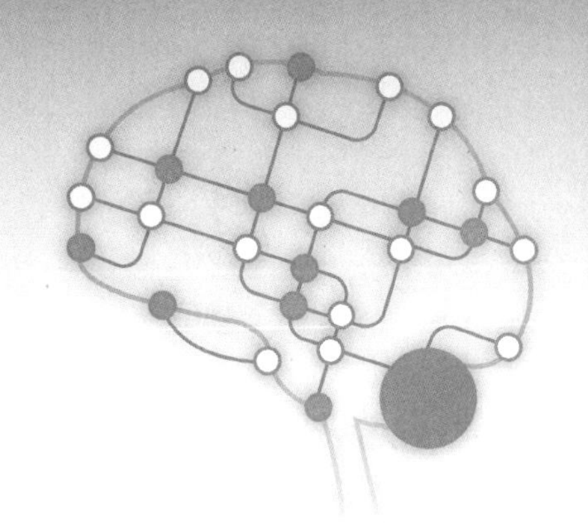

第 2 版前言

《人工智能基础》第 1 版自出版起已历经 15 载，这期间，人工智能取得了飞速的进展。众所周知，在日本教育领域，人工智能相关课程既是学院、大学、高专等信息专业的固定主课，又是信息学科大学生必须掌握的专业知识。此外，网络、网页基础设施及终端用户的增加使得存储信息量迅速变大，人工智能的研究也导入了统计机器学习、数据挖掘、网页知识、Agent、多智能体等多样化概念，衍生出了新的研究领域。

本书第 2 版中，就人工智能这 15 年间的发展，笔者增添了较多前一版中受篇幅所限未讲述或涉及较少但又较为重要的部分，其遴选标准反映了笔者的研究立场，同时也是以现实世界的知识处理，系统性适应学习结构，与人类的交互作用为中心的。更为具体来讲，就是推理中不确定性处理（贝叶斯网络），统计机器学习中基本算法与新进展（媒介支持机器、相关规则、群集链接），智能体与交互作用（智能体体系、多智能体协作、交互机器学习、用户适应系统）等。这些研究主题，不仅在学术性方面颇具深义，也是推进今后人工智能的实际应用化过程中不可欠缺的技术。此外，关于今后学习人工智能的方法，除了具备好奇心外，基础知识也尤为必要。

当前有看法认为，人工智能正逐渐细化，笔者认为，人工智能研究的根本价值观与方向性是共通的。于读者而言，应该能在本书中感受到新增的人工智能研究的价值观、方向性等内容，如能加深读者的学习兴趣，推动研究进行，笔者也将不胜荣幸。

笔　者

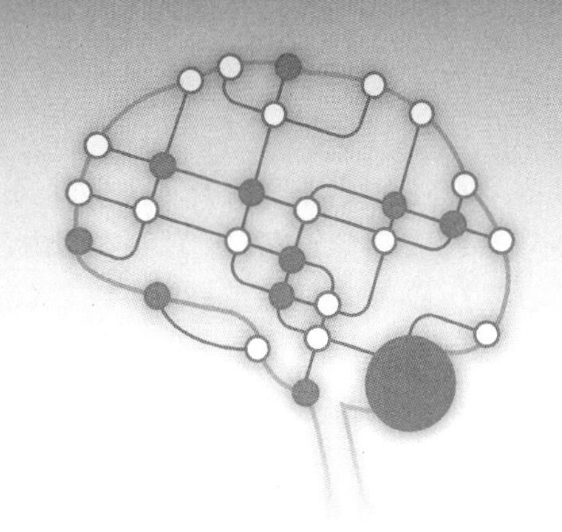

第 1 版前言

所谓人工智能（Artificial Intelligence，AI），就是将人类的智能通过机器得以展现的研究。某种意义上来讲，也许可以说是人类与机器的竞争。机器与人类之间的差距绝非龟兔之差，机器的智能水平已经逐渐追赶上来了，人类通常只保持或多或少的领先优势，这就是 AI 的步伐。

1950 年，天才数学家香农把象棋程序纳入 AI 程序，半个世纪后，计算机已经凌驾于人类之上：1997 年春天，国际象棋世界冠军卡斯帕罗夫与计算机“深蓝”苦战后惜败。象棋等游戏程序既是 AI 发展初期的中心课题，也是随着时代的进步表示 AI 进展的一大指标。“深蓝”本质上是否具有智能仍存在较多争议，但在下棋能力方面，机器已超过人类这一点毋庸置疑。恐怕 1997 年会在未来被认为是和 1956 年的达特茅斯会议以及 1977 年知识工程学的提出比肩的具有历史性的年份。

在划时代的现在，回顾 AI 研究，实际可以看到在非常宽泛的领域，AI 创建了多样且有用的方法。本书从 AI 的诞生、发展乃至变迁都一一纳入视野，基本归纳了所有成为 AI 基础的重要事项。

作为 AI 基础，重心是应用领域不存在的技术、方法论、概念及创意。具体来讲，本书选取了自古典 AI 时期便是 AI 核心的探索、解决问题的知识表达、规划、推理、机器学习等项目，同时，也包含了可以说是最新成果的分布式 AI 及进化计算。自然语言处理及视觉图像处理等方面，虽是 AI 的重要应用但只能割爱不提。神经网络及模糊逻辑似乎也包含在上述宗旨之内，但姑且将其视作其他领域的内容。“AI 基础”究竟与什么有关，笔者的观点想必能给出一个确切的解答。

本书特别留意并记述了对智能的认知变化过程，将追求并探索一般智能的时期认定为 AI 初期，将专家咨询系统等知识指向更为明确的时期认定为 AI 中期，那么在新智能观的基础上探索其方向性便是现代时期了。本书以具备各年代特征的种种手法为具体事例对其进行说明。但是，AI 不存在物理学及电磁学中如牛顿定律及麦克斯韦方程那样的基本原理，因此，难以统一阐述。故请允许笔者将案例作为阐述的中心，尽可能分门别类系统化，并对涉及重要概念及背景的观点尽力做出说明。

如今，AI 已成为信息专业学科的必修科目，本书在大阪大学及东京工业大学的讲义基础上加以拓展，试图编写一本可直观理解的标准教科书，只用简洁易懂的文字阐述，且没有高深的数学知识及AI之前的知识。并且，笔者在每章的末尾均设计了习题，颇具深意，希望读者能够在深刻理解本书内容的基础上务必尝试解答。

如果阅读完本书对AI感兴趣并有志于AI研究的读者能多增一人，便是笔者的无上喜悦了。

笔　者

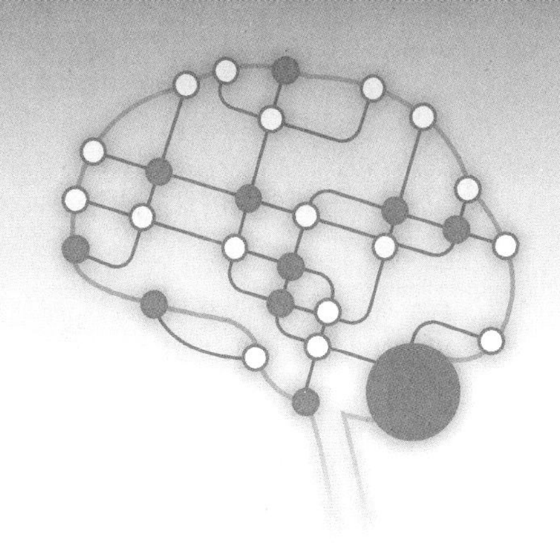

目 录

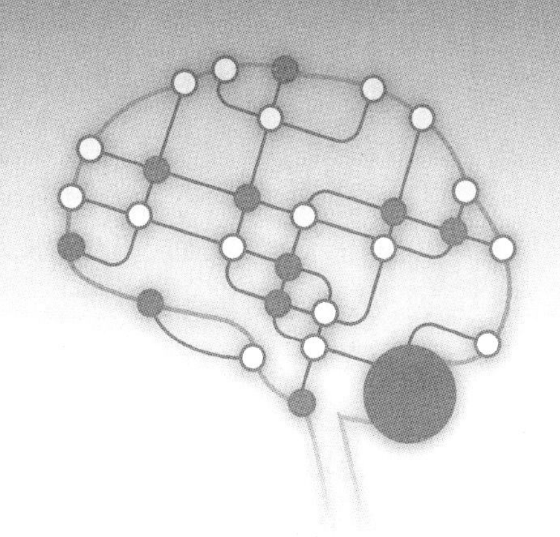

第 1 章 何谓人工智能

人工智能（Artificial Intelligence，AI）研究的终极目标就是用我们人类的双手制造出拥有智能的机器（计算机、系统、机器人等）。以前 AI 属于信息工程学及计算机科学的领域之一，不但能够涉及制动、机械、土木、建筑等工科世界，也能涉足化学、物理、医学、法学、经济学、教育学、心理学等学术领域，可以说是一门跨学科专业。此外，AI 也能对商业活动中的销售战略、库存管理、生产及制造管理产生影响，更有甚者最近对企业战略的制定都有一定波及。在高度信息化的今天，对人类而言，信息系统意味着更进一步的便捷度和亲近感，因此，广义上讲，智能化技术——AI，便不可或缺了。

本章始终围绕着 AI 这个独具魅力的话题展开叙述，首先对 AI 进行探讨的同时从多角度挖掘了 AI 的定义；接着从计算机开始，到能思考的系统，再到对现实世界工作代理的挑战，一一介绍了 AI 的历史发展过程；本章的最后，对 AI 的研究对象进行了归纳说明。

1.1 何谓智能

1.1.1 智能的相关词汇

何谓 AI？思考这个问题之前，需先探讨“智能”。当然，与此相关的论点多半是哲学性的，并涉及多方面。

在此，我们首先看一下词典[㊀]中与“智能”相关的词汇意思。

智能（intelligence）：脑部行为。存储知识并对事物做出正确判断的能力。

智力（intellect）：认识、思考、判断事物的能力。

智慧的（intelligent）：有知识且智力高的样子。

知识（knowledge）：关于某事物能够以概念形态把握，以及对其了解的内容、智慧与见识。对某事物能够形成明确的意识和判断，从哲学上对其进行认识，并得到客观证实的结果。

㊀ 林大监修：《言泉》小学馆。——原书注。

以上各词汇如果以人类为前提来定义的话，就很容易理解。所谓“智能”，从广义来讲，并非人类行为活动中与大脑无关的条件反射性行为，而是指因脑部活动来发现事物的行为；从狭义来讲，人类活动中伴随“思考”的行为都有可能相当于“智能”。

1.1.2 人类智能与机器智能

表1.1是与脑部活动相关的五个任务，此处将人类、动物（猫狗之类，不包含人类）以及机器（暂定为现时存在的计算机）逐一进行比较，试图分析其各自究竟能达到什么程度。结果见表1.1。表中，○表示“能够”；◎表示“擅长”；△表示“可以但只对有限的对象及领域”；× 表示“不能”。

表1.1 人类、动物、机器的智能

	景色认识	语言理解	大规模四则运算	故障诊断	感情理解
人类	○	○	○	○	○
动物	○	×	×	×	△
机器	△	△	◎	○	×

“大规模四则运算”意味着计算能力，而计算能力当然是用脑的能力。动物不会计算，人就可以。因此可以说计算能力是判断相互差异的一个表现。那么计算机拥有远超人类的高速计算能力是否就是比人类更为高智能呢?

此外，如果把机器等作为对象的话，能够利用与其相应的高级知识实现“故障诊断”功能；已经实用化的专家咨询系统也已拥有与人类专家相匹敌的诊断能力。那么机器智能是否与人类智能比肩呢?

另一方面，“景色欣赏”与“语言理解”等，对于我们而言非常简单的行为，机器是不擅长的。这些任务也是必须和人类拥有的概念模型相匹配的，属于脑部活动支配下的行为。人类能够瞬间实现此类行为而机器不能，是否意味着机器的智能就比较低下呢?

诸如此类，笔者将特征性事物如下所述逐一指出。是否高效暂且不论，但人类能够处理包含上述所有任务在内的行为，而现阶段的机器，只能形成针对某一任务的单独系统进行处理，无法以一个系统来处理所有智能任务，缺乏一定弹性。换言之，要实现达到相应程度的机器智能，必须限定其领域和对象。

1.1.3 能否测定机器智能

我们来思考一下，机器智能究竟是什么？是否能够测定？ IQ作为测定人类智商指数的标准非常有名。脑子聪明与否与IQ之间究竟有着何种关系，笔者了解得不甚详细，但把多元化的智能以一次元的数量来表示，笔者对此始终保持疑问。

此外，测定机器智能，有一个图灵测试。该测试的命名是由计算机科学创始人之一的英国人阿兰·图灵㊀而来。

将一间屋子以墙壁隔开，其中一半屋子里有一个叫花子的人类，并且有一台能够输出输入的终端。另一半屋子里有一个叫太郎的人同时放置一台叫作 CON 的计算机，并与花子那边的终端相连。花子从终端向隔壁的太郎或者 CON 发出信息，并从太郎、CON 那里得到回复。花子通过对话来判断该回答属于太郎还是 CON。但是，如果花子无法从终端进行的对话判断出回答者究竟是太郎还是 CON 的话（即无法判断是人类还是机器），该测试便认为机器拥有与人类同等的智能，这就是所谓图灵测试。这说明，智能是应该从外部评判的属性，反过来说，就是无法推测智能的内部表达。

另外，要通过图灵测试，必须要大致具备对话（交流）能力、语言理解能力、推理能力及学习能力。实际上这些也都是 AI 的中心课题。但图灵测试中没有导入感知信息的察觉能力和物理性的运动能力，现在一般不直接用该测试对智能系统做出评价。

1.2　人工智能的定义

接下来，就进入本章的主题——AI 的定义。首先，我们按照年代顺序来逐一介绍主流教科书及专业书中 AI 的定义。

1）人工智能是计算机科学的一个分支，关心的是设计智能计算机系统，该系统具有与人的行为相联系的智能特征（A. Barr 和 E. Feigenbum，1981 年[1]）。

2）人工智能是研究如何让计算机做现阶段只有人才能做得好的事情"（Rich Knight，1983 年、1991 年[2]）。

3）人工智能是让计算机具备理解能力的研究（Patrick Henry Winston，1984 年[3]）。

4）人工智能是用计算模型研究智力行为（Charniak 和 Mc Dermott，1985 年[4]）。

5）人工智能是在人类天然智能的基础上，为实现智能的人工化而做出的研究（上野晴树，1985 年[5]）。

6）人工智能是对认知行为的研究（Genesereth 等，1987 年[6]）。

7）人工智能是研究那些使理解、推理和行为成为可能的计算（Patrick Henry Winston，1992 年[7]）。

8）人工智能就是尝试创造一个人工智能物体（Ginsberg，1993 年[8]）。

9）人工智能是对存在于自然环境中具备智力和行动能力的智能体的研究（S.Russell 和 P.Norvig，1995 年[9]）。

10）人工智能是对计算机程序具备智能的设计和研究（Dean 等，1995 年[10]）。

表达上或许各有差异，但基本概念都是将人类的智能行为以工程学的方式呈现。可以看到，随着时代的发展，人工智能的定义有一些微妙的变化，比如 Winston 在 20 世纪 80

㊀ 图灵此名，指的是机器人、计算理论领域作为计算模型的图灵（计算）机，由 ACM（国际计算机协会）评选的图灵奖，该奖项也被称作是计算机科学领域的诺贝尔奖。——原书注。

年代给出的定义到了 90 年代就发生了变化。具体来讲，从 20 世纪 80 年代后半期开始，环境、认知、行为等就变成了关键词。比起过去计算机的单一智能化，这些融合了机器人领域相关知识，在以智能对象等作为新范本的基础上，进一步拓宽了 AI 的内涵范围。

另外，上述定义内，第二位 Rich 的定义相当有趣。在那个年代，是把人类能做而计算机不能处理的事程序化作为 AI 的研究对象的，也就是将缩小人类与机器的能力差距作为研究目标。

有一些对于 AI 的传统看法与此有几分相似。那些观点认为，原本认定是 AI 的技术在确立后，一旦实用化，该技术就不再是 AI 了。于 AI 研究者而言，该定义并不罕见，历史事实充分说明了一些最初属于 AI 领域的事物最后就是如此消失的，典型例子就是文字辨识以及算式处理等。

最后，我们说明一下本书中对 AI 的定义，该定义是由两项主要内容组成的。

> 所谓 AI，就是利用计算模型：
> ① 研究智能系统的设计与结构；
> ② 对人类认知能力（智能）进行解构与分析的研究。

①主要研究系统如何具备认知能力，即 AI 研究的工程学立场，与此相对，②主要阐明人类智能为何物，可视为科学立场。如知识基础、智能机器人属于①的范畴，而认知科学属于②的范畴。而且，人类具备认知能力的原因相当复杂，也有无法解释清楚的部分，因此，AI 研究不仅限于完全复制人类智能发现过程，更多的是从工程学立场逐渐去靠近。

此外，需要提醒大家注意的是，作为关键词之一的“认知”一词，即使上文已做定义，但仍然比较模糊。反过来也正是因为这一点尚未明确，AI 研究才具备多样性，并且引人入胜。也就是说，把“智能”当成“像人类那样”亦可，当成铁臂阿童木或其他手冢治虫漫画里的科幻人物亦可。“系统”这个关键词有个绝对前提，就是拥有所有的计算模型，包括计算机、机器人、智能体等。

在此也稍提一下对“智能”这个词的看法的变化吧。与过去相对比较封闭的世界里对智能的定义不同，最近开始比较重视与系统周围环境社会的相互影响，认为从周边获得的信息也未必全面，也就是说，要体察所有信息是不可能的，基于此立场开展智能研究逐渐成为主流。“模糊性”“不完全性”“部分性”“实时性”“复杂化”“协调”等也持续成为新的关键词。

1.3 人工智能的历史

本节将 AI 的历史自诞生之日起至今以分小节的形式阐述，另外，AI 年表见表 1.2，请适当参考。

表 1.2　AI 年表

年代	事件	
1945	计算机诞生	第一时代
1950	游戏程序	
	神经回路模型	
	AI 等术语的出现	
	定理证明	
	LISP	
1960	GPS	
	马文·明斯基的提议	
	导出原理	
	感知器的限度的判定	
	对“积木世界”的认识	
1970	专家系统的开发	第二时代
	PROLOG	
	生产系统	
	框架语义	
	知识工程学的提倡	
1980	AI 的产业化（AI 热潮）	第三时代
	第五时代工程起源	
	机器学习（ID3,EBL）	
	神经网的复兴	
	包容体系结构	
1990	GA	
	强化学习	
	AI 热潮的终结	
	智能体	
	智能象棋战胜人类	
2000	人工生命	
	数据挖掘	
	统计手法的导入	
	人机对话，机器人	
2010	互联网方向的 AI 应用	
	深度学习	

1.3.1　萌芽期

AI 和计算机的关系密不可分，此处将对计算机的出现稍做介绍。美国宾夕法尼亚大学的 ENIAC 被认为是世界上第一台计算机。“战争能够加快科技的大幅进步”无疑是句至理名言，计算机的世界也不例外。为满足第二次世界大战中美国军方对弹道计算的要求，ENIAC 应运而生，但其问世已是战后的 1946 年了，它由 18000 个真空管构成，耗电 180kW，占地 200m^2，重达 30t，是如今完全无法想象的一台巨型计算机。

在 ENIAC 工程开展期间，冯·诺依曼提出了一个关于工程存储的革命性的设计概念。主要内容是将指令程序集中存储在计算机主存储器中，然后将其按一定顺序取出并加以执行。这便是现在的计算机被称为冯·诺依曼型计算机的原因。采用这种存储方式的计算机 EDSAC、EDVAC 便分别于 1949 年在剑桥大学、1950 年在宾夕法尼亚大学各自开始工作。如此，第二次世界大战结束仅数年间，当今计算机基本系统的体系结构便已被建立了。

我们再把话题回到 AI 研究上来，AI 研究也是和计算机的出现差不多同时开始的。让计算机模拟人类行为，是任何时代都不变的诉求。首先是 20 世纪 50 年代初研究者们非常热衷游戏设计开发，具体就是作为西方国家主流游戏的国际象棋程序的开发。国际象棋程序当然属于 AI 范畴，但回顾 AI 历史，当时的研究者显然没有“我正在从事 AI 研究”这一意识，且 AI 这类术语也是后来才出现的。

该时代国际象棋程序开发的著名人物是贝尔实验室的克劳德·艾尔伍德·香农（Claude Elwood Shannon）。其 1950 年发表的《编程实现计算机下棋》（*Programming a Computer for Playing Chess*）被认为是第一篇 AI 研究论文，该论文中也能看到游戏里最基本的寻找算法——minimax 算法。其实比起 AI 研究，香农更为人所知的身份是通信与信息论的创始人。

20 世纪 50 年代初期，处理计算机抽象模型如图灵机代表的自动机理论出现了，探索计算机与智能相关的控制论、神经细胞、循环的数理模型也出现了，相对来说这是对计算机与 AI 未来相关发展有着美好期待的一个时期。

1.3.2 AI 的起点——达特茅斯会议

1956 年夏，十位学者在美国新罕布什尔州的达特茅斯大学开了个会。他们分别是麦卡锡（John McCarthy，达特茅斯大学）、明斯基（Marvin Minsky，哈佛大学）、香农（Claude Shannon，贝尔实验室）、罗切斯特（N. Rochester，IBM 第一代通用机 701 主设计师）、摩尔（T.More，IBM）、萨缪尔（A.Samuel，IBM）、赛弗里奇（O.Seifridge，麻省理工程学院）、所罗门诺夫（R.Solomonoff，麻省理工程学院）、艾伦·纽厄尔（Allen Newell，美国兰德公司）和赫伯特·西蒙（Herbert Simon，卡内基工科大学，即其后的卡内基·梅隆大学）。括号内是当时各自所属的单位。他们是为了探讨如何让计算机具备智能而坐到了一起。这个会议就是后来著名的达特茅斯会议。

为了成功召开这个会议，会议的组织者麦卡锡、明斯基、香农和罗彻斯特 4 人向洛克菲勒基金会提交了项目建议书。其中，麦卡锡写下了如下的文字：

“建议于 1956 年在新罕布什尔州汉诺威市的达特茅斯大学召开为期两个月、与会人数为 10 人的人工智能 AI 夏季研讨会。有推想说，学习的所有方面以及智能的所有特征通过理论的正确记述，能够让机器实现模拟的可能。本次研讨会正是基于这一推想而开展的。”

这个项目建议书得到了基金会 7500 美元的支持，但重要的是，AI 这个词汇就此得以问世。当时，计算机相关的基础理论还是自动机理论，麦卡锡的项目建议让 AI 区别于自动机理论在计算机科学领域独立展露新芽。只是要问到 AI 这个词汇在当时是否具有煽动性的影响力的话，据说也只是在与会者间才被接纳。

会议上发表了国际象棋与跳棋的程序及几何学的证明问题等。尤其是纽厄尔与西蒙提出的一个叫作“逻辑理论家”的程序，这个程序是解决逻辑学一般问题的方法，在其后带来巨大的影响。与这个会议内容相关的评价未必都很高，但是达特茅斯会议本身无疑是 AI 史上里程碑般的存在。

1.3.3　AI 的创始期

达特茅斯会议的与会人员其后成了 AI 研究的领头人。首先，调去麻省理工程学院的麦卡锡开始着手开发新的程序语言——LISP。LISP 有个特点，数值乃至符号均可识别，因此能对程序和数据作出统一处理。1958 年诞生的 LISP 语言，可以说和数值计算语言 FORTRAN 一样在程序语言界相当长寿。如此长久的生命力，可以充分说明它作为程序语言的优秀了。无论过去还是现在，LISP 都是 AI 研究中不可或缺的程序语言，尤其在美国，LISP 是构建 AI 世界的基础。接着麦卡锡又调职去了美国西海岸的斯坦福大学，在基于逻辑基础的 AI 研究中起到了先导性作用。

明斯基于 1961 年发表了论文《走向人工智能》(*Steps Toward Artificial Intelligence*)，达特茅斯会议举起了 AI 研究的大旗，这篇论文等同于明斯基的提议，推动了 AI 的普及与启蒙。明斯基在这篇论文中提出了搜索、模式识别、学习、解决问题以及规划等 AI 研究中应该探讨的问题。另外，在他的指导下，麻省理工程学院还展开了自然语言处理、算式处理、学习等方面的研究。

纽厄尔和西蒙合作开发了通用问题求解（General Problem Solver, GPS）系统。GPS 包含了手段 - 目的分析（means-ends analysis）以及解决复杂问题时使用的分治（divide and conquer）算法的概念，并于其后发展为规划问题。

我们再说些 20 世纪 60 年代的话题吧。1965 年，约翰·罗宾逊利用定理证明（theorem proving）这一有力方法创建出了归结原理（resolution principle）。这一原理利用了数学的反证法，将试图证明公式的反设归入子句集，从而导出矛盾。导出原理是计算机领域的处理方法，与之前的处理方法相比，特点是效率更高。

同样在 1965 年，机器翻译领域发生了一起大事件。与 AI 研究毫无关系的机器翻译是自 1950 年前后开始的，当时的技巧主要是以句法理论为主，通过解析句法仅变换单词（不考虑意义），非常枯燥。同年，美国科学院语言自动处理咨询委员会出具了一份叫作 ALPAC 的报告，报告认为机器翻译的实用化无法在不久的将来得以实现，因此，机器翻译研究在世界范围内发生了退步。

此外，麻省理工学院的罗伯茨尝试识别积木世界的图像，同一时期奎兰（Quillan）也提出了作为认知图表表达的语义网络（semantic net）概念。明斯基和帕波特（Pappert）于 1969 年指出了感知型神经网络（neural net）模型的界限，从而给了人工神经网络研究一个巨大的打击。在那个时期，尽管道路曲折，然而 AI 研究还是稳步前进，并且人们对其未来前景表示乐观。

1.3.4　AI的第一时代——智能时代

本小节归纳了AI研究初期，即1970年前主要研究的三个问题，即①游戏、谜语程序；②规划；③推理证明。这一时代普遍认为，人类拥有某种能力，借此才能引发人类的智能行为。因此既然“要让计算机智能化，必须要赋予其应对各种状况的判断能力”，就得要有“此能力是一种与问题无关的一般能力”这样的意识。要解决之前所说的三个问题，可以进行各种探索，但是应更注重以判断为一般结构的探索。因此，这种所谓的一般能力即智能，也就是把AI第一时代称为“智能时代”的原因。但是，作为这个时代的研究对象，是一个相对单纯化世界的问题[经常被称为入门问题（toy problem）]，其是否能够适用于现实中的诸多问题，尚不能明确预测。“AI是否真能发挥作用？”“AI研究者们只满足于每天自己制造入门问题并自己解决”——经常能听到这样的质疑或批判。

在这样的时代背景下，1965年，费根鲍姆（Edward A.Feigenbaum）在斯坦福大学组织了启发式编程项目（Heuristic Programming Project, HPP），着手研究DENDRAL系统。这一事件揭开了下个时代的序幕。

1.3.5　AI的第二时代——知识时代

DENDRAL系统能够通过输入的数据列出未知化学物质的分子式和光谱，从结果还能推导出该物质的分子结构。相关研究向人类展示了AI研究是有用的，这一点尤为重要。HPP的目标是开发一个程序，使其能够在必须使用较高专业知识的领域有效解决实际问题。开发者如此阐述：当初并不是知识基准型的系统，但随着开发的进行，逐渐变成了这种系统形态。DENDRAL系统被公认为具备和大学研究生同等程度的推理能力，可以说是第一个专家系统（expert system）。

同样在HPP中，以医学出身的肖特立夫（E.Shortliffe）为中心，开发了针对血液感染和骨髓炎的诊断及治疗的咨询系统。这个系统就是MYCIN系统，也被称为专家系统的代名词。MYCIN系统和DENDRAL系统不一样，从设计阶段开始就采用了生产系统的形态。MYCIN系统的生产规则中增加了确定性系数（Certainty Factor，CF），同时也能表达不确定信息，此外也有对于系统推理结果的说明功能。这些确定性信息和说明功能成为未来专家系统的基础。MYCIN系统给AI研究带来了转机，更作为证明AI有用性的巨大例证在AI史上留下了深刻的印迹。

1977年，费根鲍姆在第五届人工智能国际会议上以*The Art of Artificial Intelligence; Themes and Case Studies of Knowledge Engineering*为题发表演讲，在提出“知识工程学”这一全新研究领域的同时，向全世界主张“知识即力量”。由此，AI迎来了一个崭新的“知识时代”（在此也称作第二时代）。

值得注意的一点是，知识工程学显示了针对个别问题的专家知识的重要性。第一时代的AI研究，探求不依存于问题的一般能力（智能），结果却并未获得能够应对现实问题的成果。因此，集中问题的共同基本知识，并以此为基础搭建有效系统正是知识工程学强调之处。以费根鲍姆的提议为契机，基于知识的系统（例如专家系统），成为 AI 研究的一大支柱。

1.3.6　AI 的发展期

AI 研究逐渐重视知识，如何将我们人类拥有的知识更好地表达出来，这样的探讨自 20 世纪 70 年代前半期就已经开始了，这是对知识表达的挑战。

1973 年，纽厄尔提出了人类心理模型性质的产生式系统（Production System，PS）。PS 由三个模块构成，即产生式规则库（规则依据）、运行记忆（数据依据）和解释程序（推理引擎）。PS 中，知识以“IF…THEN…”这种单一形式来表达，通过规则集合成为规则依据。前文介绍的以 DENDRAL 和 MYCIN 为首的诸多专家系统也都运用了 PS，规则依据系统成为 AI 系统的主流。

明斯基在 1975 年提出了框架理论，框架理论是对人类记忆和推理的认知心理型模型，以下对其概念进行简单阐述。人类遇到新状况时，会从记忆中选择一个基本框架，这是一种包含各种信息的固定结构。一个框架包含若干槽（slot，信息收纳场所），框架之间有一定的相互联系，通过框架之间的上下位关系，能够利用属性继承的默认值，有层次地表达知识。而且，框架里也允许顺序记述。明斯基最初的发表中并不是将框架理论当作知识表达体系来提议的，其后经过以戈尔斯坦（Goldstein）为首的多位科学家讨论并改良后，框架系统才成为了 AI 研究中知识表达的核心之一。

自然语言处理的研究方面也出现了多种知识表达法。罗杰・尚克（Roger Schank，斯坦福大学出身，其后供职于耶鲁大学）提出了概念依存（Conceptual Dependency，CD）理论。所谓 CD 理论，即用不依存于语法的语义基元表达自然语言具有的概念及意义。同样，尚克也提倡用于故事理解的脚本分析理论。脚本分析理论的概念就是将人类必定施行动作（如去餐馆等）相关的知识作为脚本来记忆，并将其运用于问题解决时。

此外，与知识表达相关的就是黑板模型。与其说是知识表达，把它当作一种知识处理结构更加准确。黑板模型中，有多个独立知识源和被称作黑板的总数据库，信息的交换只通过黑板进行，各知识源协同解决问题。黑板模型最早见于卡内基・梅隆大学的 Hearsay-II 声音处理系统中，适用于声音、图像等模式处理，也可以看成是图像类型的分布式 AI。

1971 年，法国马塞大学的阿兰・科尔默劳尔（Alain Colmerauer）教授首次在理论型编程语言 Prolog 的研发方面获得成功，Prolog 是以语言描述理论为基础的宣示性语言，优点是能够自然表达 AI 领域的各问题。另外，由于受 Horn 子句逻辑所限，罗伯特・科瓦尔斯基（Robert Kowalski）博士明确了 Prolog 基本计算顺序定理证明在效率方面需要显著的改善。接着又展开证明过程和计算过程之间的理论性考察，给了 Prolog 作为程序语言一个确切的定位。以他的研究为契机，可以说基于逻辑的程序语言叙述，即逻辑编程（logic programming）已经作为计算机科学的一个分支被大众认识。英国爱丁堡大学的戴维・沃伦（David Warren）博士等人随后又开发了标准化处理的 DEC-10 PROLOG 语言。

如前所述，20世纪70年代后半期开始，人工智能研究开始积极向知识表达方面发展，知识的表达、运用、获得等知识信息处理（knowledge information processing）成为AI研究的热点。而且根据这些研究成果，图像处理、自然语言处理、音声处理、专家系统等应用领域也得以得到长足的发展。

1.3.7 AI的高峰期

20世纪80年代，AI研究在全球范围内活跃起来。这种倾向，不仅存在于各所大学的研究机构里，就连产业界也有所涉及，不久就成为一股席卷社会的热潮，AI的高峰期由此到来。尤其是专家系统的研究开发迎来了全盛期，实用型专家系统面世，如卡内基·梅隆大学的约翰·麦克德莫特（John McDermott）和DEC公司共同开发的XCON专家系统。并且，OPS5、OPS83等作为专家系统开发的支援工具（专家系统外壳），都建立在商用基础之上。

其次，20世纪80年代也是一个在AI研究的理论和应用两方面，各种研究成果层出不穷的时代。在理论方面，提出了很多对推理和学习有用的方法。归纳推理、假设推理、定性推理、非单调推理（限界、缺省推理、自认知推理）等高阶推理凌驾于演绎推理之上，逐步出现。作为知识获取（knowledge acquisition）瓶颈期的最后妙策，机器学习在经过一番热烈研究之后，最终在80年代中期，提出了ID3及EBL（Explanation Based Learning）等成果。前者是实用型归纳学习系统，后者着眼于背景理论和实例之间的关联性，是基于解释的学习。即使在与专家系统相关的领域中，以知识获取为目的，也开发了一些采访方式及知识编译等优秀方法。并且，在80年代后半期，美国开始了以大规模知识库开发为目标的CYC计划。

此外，20世纪80年代值得大书特书的事件，当属神经网络的复兴。如前所述，由于1969年感知机网络的能力界限的体现，此项研究有所停滞，但在1986年，鲁梅尔哈特（Rumelhart）等人定式化了三层网络上的**误差反向传播（error back propagation）**型学习方法后，又给研究带来新的突破。进而，霍普菲尔德（Hopfield）利用神经网络（**Hopfield模型**）在NP完全问题的近似解法上大获全胜。神经网络与作为AI中心操作的符号处理相对，是一种计算定式，今后将会持续对其进行研究。

接着看一下日本的AI相关研究动向。回顾AI的发展历程，1982年到1992年之间的第5代计算机计划，作为AI的宣传者，对社会各界产生了巨大的影响，这一点毋庸置疑。该计划预算总额为1000亿日元，是一个名副其实由产业界、政府部门、学术界共同合作的国家项目，新时代计算机技术开发机构（Institute for New Generation Computer Technology，ICOT）作为其核心组织，由此设立。

下面就说一说为何在该项目名称前冠以“第五代”一词。迄今为止，计算机的进化是根据其使用设备而划分时代的。也就是说，从第1代（真空管）、第2代（晶体管）、第3代（IC）、第3.5代（LSI）、第4代（VLSI）依次进化而来，但是总的来说它们都有一个基础，即“冯·诺依曼型”结构。而第 5 代计算机采用了与以往完全不同的方式，明确化了知识信息处理方向。在第 5 代计算机上，从硬件结构到软件设计都体现了逻辑编程思想，这一点成为计算机的骨干部分。该项目的成功与否，大家意见不一，但在其实际成果中，并联推理机得以实现。并且，我们也不能否认其正面效果：拓宽了 AI 研究者、技术人员的层次。20 世纪 80 年代后半期的日本，家电行业也频繁提及 AI 一词，AI 热潮堪称社会现象。

1.3.8　AI 的第三时代——智能体时代

进入 20 世纪 90 年代中期后，之前的 AI 热潮逐渐消退，明显像是节日喧嚣后的安静。莫非是 AI 泡沫后的无力感和空白感？作为大家期待的目标，专家系统虽说已收获部分成功，但其应对不同状况的适配度还是很低，若要实现更高智能的系统，还需搭建一个坚实的基础。即便最终仍总称为智能系统，但它仍不过是一种死脑筋、不灵活的“智能”。知识工程学全盛时期以符号主义为中心的想法被迫重新改变。AI 研究还会被打上无用的烙印吗？还会被认为是没有意义的学问吗？不，绝不。

现在，AI 研究迎来了转型期。假设现实世界动态环境中存在智能体 [11]，那么就得重新审视智能本身以及智能发现结构。这便是 AI 研究需要直面的第二次模式转变。麻省理工学院的罗迪·布鲁克斯（R.Brooks）对智能机器人的研究就是这种潮流的根源之一。他主张了表示感知与行动之间直接对应关系的互动性（reactive）规则的重要性，还提出即使是环境描述不完全的情况下，通过包容架构（subsumption architecture），机器人也能够在动态环境内移动。更是打出了诸如“无表达智能”等在符号主义派中相当吸引眼球的标语。此后，智能机器人就因“感知”“行动”“环境”等重要因素被大家所认识。

另一方面，随着个人计算机的发展和普及，出现了一大批在网络上代替用户检索并获得想要信息的系统和程序，（对于 AI 研究）进一步提出了智能秘书功能、知识导航等目标要求。这些就称之为软件型智能体、软件型机器人（softbot），或者知识型智能体（knowbot），它们都是以虚拟世界（cyberworld）的电子环境为对象而运行的。

智能机器人与软件型智能体之间的区别只在于是否具有物理实体性。二者在以动态环境为对象等基本理念上是非常相似的。所谓智能体，最好把它当作是将一些包含此类概念、思维方式的系统抽象化了的事物。被称为智能体计算机的这种结构中，强调了现实世界（实际环境、网络环境等）而非玩偶世界的智能这一要点，并赋予其一系列全新的关键词来标示其特征，如复杂系统（complex system）、信息或知识的部分性 / 不完整性、资源的有限性、身体性、能动性、实时性等。

研究的种子确实正在萌芽。随着 AI 与机器人的结合，AI 与网络的关联，以遗传算法（Genetic Algorithm, GA）为代表的进化计算（evolutionary computing）的推进，分布式协调、多智能体的研发，涌现计算（emergent computing）、本体论、数据挖掘（data mining）等新概念及新想法的不断提出，AI 研究如今正在持续扩大并积极发展。

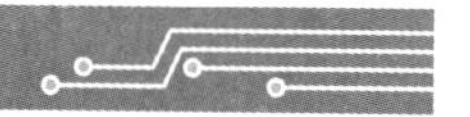

1.4 AI 的研究对象

本节将列举现在 AI 领域中的主要研究主题及其细则，以期让大家了解更多方面的知识。

推理结构：归纳推理、溯因、假设推理、类推、事例基础推理、模型基础推理、内存基础推理、定性推理、时间推理；

机器学习：概念形成、概念群集、知识精炼、计算论学习、知识发现、数据挖掘、遗传算法、强化学习；

规划：计划认知、反应性规划、SAT 规划；

知识表达：常识、不完整知识、不准确性；

自动化推理：搜索、定理证明、条件充足；

逻辑编程：归纳逻辑编程、条件逻辑编程；

知识库：大规模知识数据库、本体论、知识的共有 / 再利用；

自然语言处理：机器翻译、语言识别、对话系统；

媒介理解：图像识别、声音识别、多模态信息处理；

智能机器人：行为 / 基础 / 结构、主动式传感、机器人学习；

人工神经网络：阶层型网络、相互结合型网络、自组织化地图、深度规划；

分布式 AI：多智能体系统、分布式协调功能、分布式条件充足；

智能体：软件型智能体、网络化智能体；

人类 - 智能体交互：人类与智能体的交互设计、智能体的外在及行为设计；

应用系统：智能 CAI、人机交互。

习题

1. AI 的定义中必需的概念是什么？
2. 请思考何为“智能”系统。
3. 请思考在 AI 发展史上两次模式转变的发生原因。
4. 分别从工程学立场和科学立场各自列举出 AI 的研究课题。
5. 对于人类而言，“证明几何学的定理”或者“下国际象棋”要比“理解场景（风景）”难得多。那么，在 AI 研究领域中，“定理证明系统”和“国际象棋编程”已被实现，而“场景理解系统”仍未实现的原因是什么呢？

参考文献

[1] A.Barr and E.A.Feigenbaum,“The Handbook of Artificial Intelligence”, Volume I,Pitman,1981. 田中，淵監訳，「人工知能ハンドブック」，第 1 巻，共立出版，1983.

[2] E.Rich, “Artificial Intelligence”, McGraw-Hill, 1983. 廣田，宮村訳：「人工知能」，マグロウヒル，1984.

[3] P.H.Winston, “Artificial Intelligence (2nd Edition)”, Addison-Wesley, 1984.

[4] E. Charniak and D. McDermott, “Introduction to Artificial Intelligence”, Addison-Wesley, 1985.

[5] 上野晴樹，“知識工学入門”，オーム社，1985.

[6] M.R.Genesereth and N.J.Nilsson, “Logical Foundations of Artificial Intelligence”, Morgan Kaufmann, 1987. 古川康一編，「人工知能基礎論」，オーム社，1993.

[7] P.H.Winston, “Artificial Intelligence (3rd Edition)”, Addison-Wesley, 1992.

[8] M. Ginsberg, “Essentials of Artificial Intelligence”, Morgan Kaufmann, 1993.

[9] S. Russell and P. Norvig, “Artificial Intelligence, A Modern Approach”, Prentice-Hall, 1995.

[10] T.Dean et al., “Artificial Intelligence: Theory and Practice”, The Benjamin/Cummings Pub Co, Inc., 1995.

[11] 山田 誠二，“適応エージェント”，共立出版，1997.

[12] R.A.Brooks, “A Robust Layered Control System for a Mobile Mobot”, IEEE Trans Robotics & Automation, Vol.2, No.1, pp.14-23, 1986.

[13] 石田 亨，“エージェントを考える”，人工知能学会誌，Vol.10, No.5, pp.663-667, 1995.

[14] Special Issue on Intelligent Agents, Comm. ACM, Vol.37, No.7, 1994.

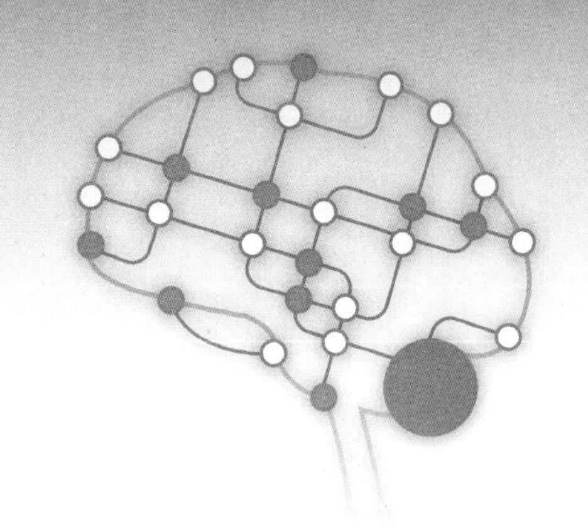

第 2 章 问题的解决

在我们生活的现实世界里，可以称之为问题的事物是不计其数的，从明晰清楚的数学问题到论据模糊的政治、经济问题，无所不在。人们尝试着去解决各种各样的问题，现如今也开始把部分问题交由计算机代为处理。问题解决（problem solving）的机器化是 AI 的主要目标之一。然而，虽然统称为问题解决，但是在这其中却包含着问题的描述、问题解决的方法、问题解决过程中智能与知识的相互关系等各种各样的课题。

"我们人类在面对问题的时候该如何加以解决呢？" 本章将对这样一个简单的问题进行考察，并以此为出发点展开论述。接着考察 AI 是如何对其要解决的问题进行描述的，并以智力测试题和游戏等传统的典型问题为例进行考察，然后对问题解决过程中的重要环节——问题的定型化进行论述。

2.1 问题解决的过程

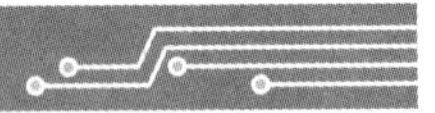

[问题 1]

仙鹤和乌龟总共有 7 只。（1）

仙鹤和乌龟的脚总共有 20 只。（2）

那么，仙鹤和乌龟各有几只呢？（3）

这是小学教材中常见的鹤龟算法[㊀]。我们来看一下解决这种问题的过程。答案是要求解仙鹤和乌龟的数量，由于目前答案未知，所以分别用未知数 x、y 表示。当然，仙鹤和乌龟是不可能有 1.5 只之类的，所以 x 和 y 一定是正的整数。接着对于已导入的 x 和 y，我们要表示出与问题相对应的 x 和 y 的关系。这时可通过（1）的内内容得出一个定量关系：

$$x + y = 7 \tag{1'}$$

并且因为我们知道仙鹤有 2 只脚，乌龟有 4 只脚，所以由（2）的内容可以得出：

$$2x + 4y = 20 \tag{2'}$$

（1′）（2′）用算式的形式表达出了（1）（2）的内容，这样问题 1 归根结底就是求能够

㊀ 鹤龟算法即鸡兔同笼算法。——译者注

同时满足（1′）（2′）两个算式的 x 和 y 的值。

因此这就是求解一个联立方程式，可以设想有多种解法。

□ 遵照未知元消除（消元法）原则，通过变换关系式来求解（代入消元法，加减消元法）。

□ 将其视为矩阵方程式，求其逆矩阵。

□ 列出满足 $1 \leqslant x \leqslant 6$，$1 \leqslant y \leqslant 6$ 范围的 x 和 y 可取值，然后再检查这些数值是否满足以上算式。虽说人类尝试这种解法并不算高明，但却是一种符合计算机的解法。

无论哪种方法，最后都会得出 $(x, y) = (4, 3)$。但是，到了这个阶段还不能说已经求到了问题的解，还需要进行最后收尾，就是要确定 x 和 y 在作为问题对象的世界里意味着什么。此时因为 x 和 y 分别对应仙鹤和乌龟的数量，所以该问题的解就是“仙鹤 4 只，乌龟 3 只”。

从上述例子得知，问题解决可以分为三个流程：

（1）问题的定型化：从作为问题对象的世界里抽取出问题的本质部分，然后根据某种表达式来寻求对问题的形式上的描述。

（2）形式上的处理：在形式上将得到的形式上的描述进行处理，来求得问题的答案。

（3）在作为问题对象的世界里进行解释：对以上得出的解答进行解释，然后求得其在作为问题对象的世界里的答案。

在以上的问题中，流程（1）相当于根据表达出的问题的内容建立一个联立方程式（$x + y = 7$，$2x + 4y = 20$）。在问题 1 中，这里的“某种表达式”就是算式，“形式上的描述”就是联立方程式。当然，就形式上的描述而言，既可以是基于算式的微分方程式，也可以是基于逻辑式的符号描述。在以 AI 为对象的问题中，能够以方程式的形式描述一段关系的情况是比较少的，采用符号描述的情况占绝对多数。

流程（2）相当于求解联立方程式，并施以算式变形、逆矩阵计算、数值列举等进行形式上的处理。当形式上的描述是逻辑式的集合时，导出也是一种形式上的处理。

然而在尝试利用计算机解决问题时，主要在计算机上运行流程（2）。在这里，我们把计算机内部的世界称为**内部世界**，把作为问题对象的世界称为**外部世界**[3]。需要注意的是，形式上的描述与外部世界的意义是没有关系的。例如，上述联立方程式是对问题 1 的形式上的描述，但下面的问题

“摩托车和汽车总共 7 辆，轮胎总共 20 个，那么摩托车和汽车各有几辆？”也可以用同一形式上的描述。这就是说，变量 x 不管是指代“仙鹤的数量”，还是指代“摩托车的数量”都是可以的。换言之，这就意味着内部世界的符号和外部世界是没有关系的。因此，形式上的处理就成为可能。而且内部世界还可以理解为一个计算模型，这个模型可以是算式模型，可以是符号处理模型，也可以是神经模型。

流程（3）可看作是外部世界与内部世界的协调，它可以验证问题定型化是否妥当和内部世界的形式处理上的意义。

问题解决流程如图 2.1 所示。该流程无论面对什么样的问题都是适用的，在此意义上可以将其称之为一般性框架，但是实际上存在着很多未解决的问题。在现实问题中，定型化的部分是很难的，据推测，像前面所述那样通过算式达到定型化的例子是很少的。如何忠实地描述外部世界将成为我们永久的课题。自然语言处理和图像识别作为 AI 的重要领域，它们具有将外部世界向形式上的描述转换的特征。另一方面，尽管在把外部世界中的实际环境等作为对象的情况下，想要获得完全的描述是不可能的，但是近年来人们还是不断地去尝试基于此前提的考察。

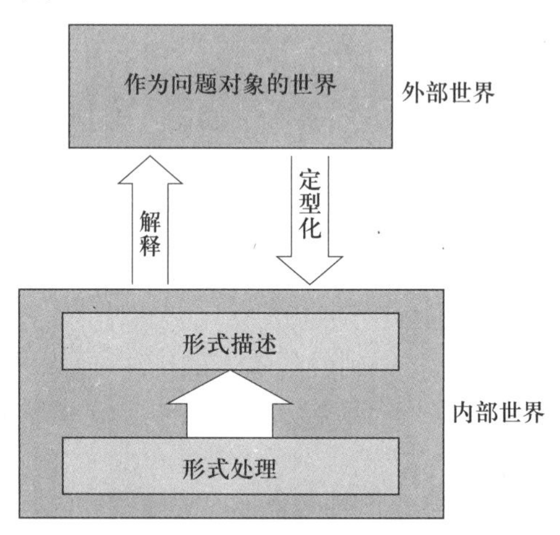

图 2.1　问题解决流程的模型图（根据参考文献 [1]）

2.2　AI 的对象问题

游戏、智力测试是 AI 的典型问题。既然 AI 有“在工程学上实现人类智力活动”的目标，那么自然一些研究 AI 的人就会想要将人们有时废寝忘食、沉迷其中的游戏和智力测试（这也是人类的智力活动）交给计算机去做。实际上，就在计算机诞生不久后的 1950 年，信息论之父香农编写的国际象棋程序已被称为首个 AI 程序。游戏编程作为 AI 的一个领域得以不断发展。被称为“深蓝（Deep Blue）”的程序于 1997 年在世界国际象棋冠军赛中最终获得胜利（6 局 2 胜 1 败 3 平）[㊀]。

那么，打游戏或解智力测试等问题的本质是什么呢？例如，在一场复杂游戏中，是找不到一套一定能赢得对方的程序的。也就是说，在游戏中并没有直接的解决方法。因此，**没有固定的解决方法和解决程序**就是 AI 问题的本质之一。

进一步来说，在游戏和智力测试中，会考虑某些形势下可能存在的方法，然后基于某些判断，选出其中的一种方法。要实现这一点，就需要从存在解答的空间中不断摸索尝试，

㊀　该程序是否具有智能，尚存在分歧。

探索答案。借用前一节的用词来说，这就意味着在内部世界的形式处理中必须包含着探索。换言之，所谓 AI 的对象问题可在不失去其普遍性的情况下进行定义，其中探索是无法回避的问题。

此外，探索就是在即使预先没有给定程序的时候，也能创建出所有可能的程序，并能通过试行的手段调查出是否能得到所期望的结果。这就暗示了 AI 也有某种判断机能，探索能够产生部分智力活动。在第一代 AI 研究中，“人类是有智慧的，智慧就是各种各样智力活动的源泉”这种思维占主导地位，并且认为“智慧是不根据范围和任务而定的一般能力”。也就是说“智慧 = 探索”这个等式是基础，通过探索实现问题解决是 AI 的中心课题。当然这种观念并没有错。但是现实问题的探索空间会立即发生指数式增长，也就是产生所谓的组合爆炸式生长，也就是说在计算理论上会发展成为 NP 等级。在当时的 AI 研究中，必然会不得不以被称作“玩具问题（toy problem）”的小规模问题为对象，这也就成为把 AI 看作是背离现实研究的一个间接原因。

2.3　问题的定型化方法

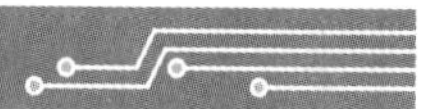

本节将对状态空间法、问题分割法以及手段目标分析等适用于 AI 问题的定型化方法进行论述[2],[5]。

2.3.1　状态空间法

在此我们将向大家展示基于状态和操作符的问题的定型化，它被称之为状态空间法（state space method）。下面以八数码难题为例来加以论述。

[问题 2] 八数码难题

如图 2.2a 所示，在 3 × 3 的盘面上有标注 1 ~ 8 号的棋子和 1 个空格（涂黑处），可以将上下左右的棋子向空格滑动。

要求通过一定程序将随机排列的 1 ~ 8 号棋子摆回到如图 2.2b 所示的标准位置。

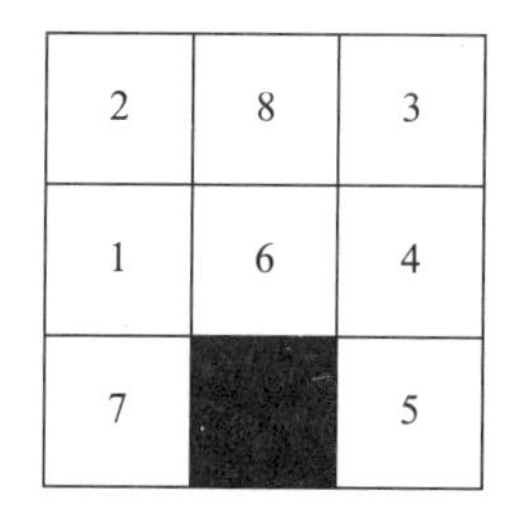

a）初始状态

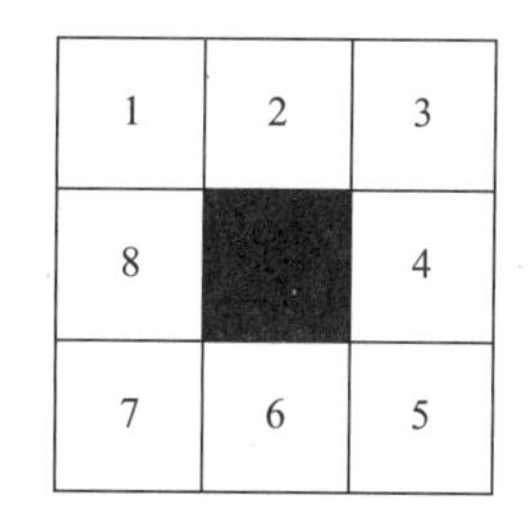

b）最终状态

图 2.2　八数码难题

该问题最直接的解决办法是，适当地移动棋子改变摆放状态，从而将图 2.2a 所示的摆放初始状态变成图 2.2b 所示的最终状态。此时，状态以及改变状态的操作符的概念在明确问题方面发挥了作用。因为棋子的移动改变了状态，由此成为操作符，而操作符体系成为该问题的答案。

以下将对状态空间法的形式定义进行说明。

状态空间法：$<Q, O, \psi, Q_i, Q_f>$

1. 状态空间集合 Q：问题对象的所有状态空间；

2. 操作符集合 O：改变状态的操作符的集合；

3. 状态变化函数 ψ：$Q \times O \rightarrow Q$，从状态和操作符向状态的映射，在状态变化函数上能够看到操作符改变状态的规则；

4. 初始状态 Q_i：$Q_i \subset Q$

5. 最终状态 Q_f：$Q_f \subset Q$

状态空间法是将 AI 问题定型化的最普遍的方法。此外，在 1 ~ 5 的条件全部已知的情况下，称为结构良好（well-structured）问题，而并不全部已知的时候，则称为结构不良（ill-structured）问题。此外，由状态空间法而来的求解方式被称为经典规划（classical planning）问题，而这时解的操作符体系则被称为计划。关于规划问题将在第 5 章加以详细描述。

可是，该如何表述构成状态空间的状态呢？实际上可以用字符串、矢量、数组（Array）、图表、结构树、序列等任意的数据结构加以表述。但是，关于该如何具体表述问题的状态，是应当根据该问题来思考的。一般来说，状态的表述要能够简洁准确反映问题的性质以及能够简单地设置操作符等。

这里我们将求出问题 2 的定型化。首先要考虑状态表述。

< 表述 1>（序列）

为方便起见，将空格处设置为数字 0，将 1~8 的棋子设置为数字 1~8。这里将盘面中央位置设为C，从其正上方开始按逆时针顺序在其周围8个宫格上分别填上N、NW、W、SW、S、SE、E、NE。若用序列 [数字，位置] 表示各个棋子，则图 2.2a 的状态如下所示：

[[1 W] [2 NW] [3 NE] [4 E] [5 SE] [6 C] [7 SW] [8 N] [0 S]]

< 表述 2>（数组）

将 3 × 3 的数组与盘面相对应，其数字的用法和表述 1 相同。

图 2.2a 的状态可如图 2.3 所示加以表述。

2	8	3
1	6	4
7	0	5

图 2.3 通过 2 维数组得出的状态表述

比较表述 1 和表述 2，可以发现后者更容易把握整个盘面，所以在这里采用表述 2。

其次，要考虑操作符。所谓操作符就是使状态改变的东西。要使操作符发挥作用，一定的前提条件是必不可少的。前提条件由每个操作符来决定。在这里，操作符的表述形式如下所示：

操作符：if 前提条件　then 操作

在八数码难题中，移动棋子或空格就相当于操作符。若从棋子方面着手来定义操作符，因为必须要调查这 8 个棋子的前提条件的真伪，所以效率不高。所以反过来看，应从仅有的一个空格着手来定义操作符。如下所示，我们将导入 UP、DOWN、RIGHT、LEFT 4 个操作符。

UP:　　　　if 空格上方有棋子 then 往上移动空格
DOWN：　　if 空格下方有棋子 then 往下移动空格
RIGHT:　　 if 空格右边有棋子 then 向右移动空格
LEFT：　　 if 空格左边有棋子 then 向左移动空格

第三，基于以上状态和操作符相关的表述，从状态和操作符的乘积集合来定义对状态的映射即状态变化的规则。图 2.4 中展示了 24 种规则。在箭头起始处操作符发挥作用，并向着箭头指向处移动。

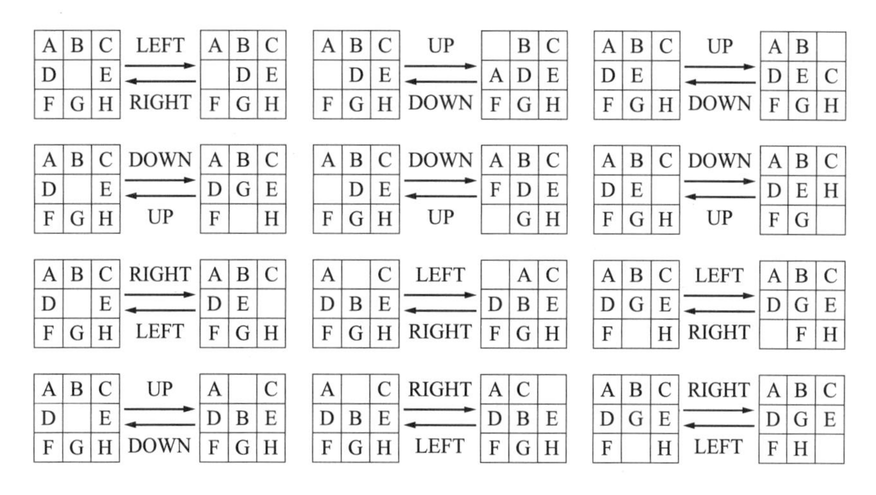

图 2.4　状态迁移规则

在问题 2 中，因为已知其起始和最终状态，所以通过上述方法可完成定型化。此时需要一种能够对可能的状态集合（称之为状态空间）进行统一的框架，而这种可能性状态集合是通过从初始状态开始就适用操作符来实现的。而有助于达此目的的东西可用树结构来表述。树结构指的是有向图，它有一个特殊节点（称为根节点），但该特殊节点没有父节点，而各个节点只有唯一父节点。

用树结构构成的状态空间如图 2.5 所示。此外，作为具体示例，我们在图 2.6 中对问题 2 的树状结构进行展示。从两图可以明显看出，形成的树结构中，可将初始状态 Q_i 看作根，将各状态看作节点，将操作符看作枝干，然后将最终状态 Q_f 看作一片乃至多片的叶子。于是问题的解法就可归结于在表述状态空间的树结构上进行探索。

此外，解（计划）就是从 Q_i 到 Q_f 的路径（操作符列）。探索的具体方法将在第 3 章做进一步论述。

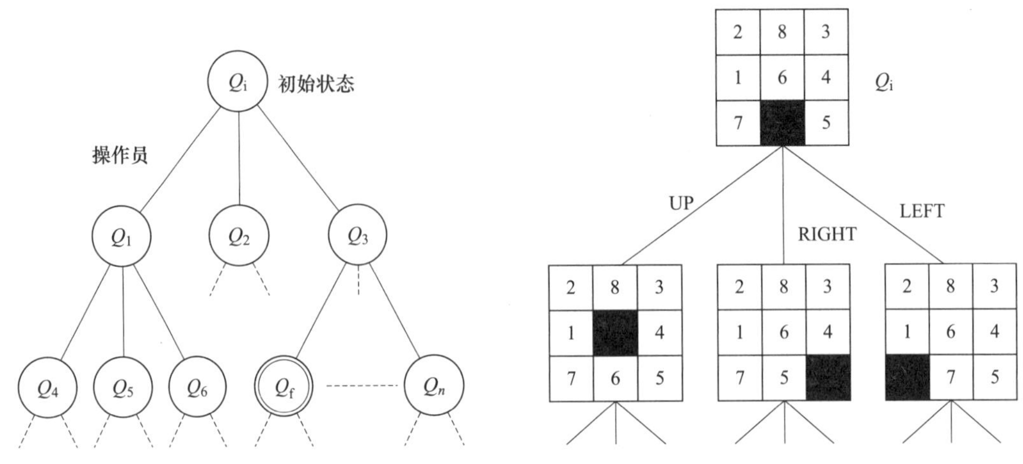

图 2.5 通过树状结构得出的状态表述

图 2.6 八数码难题的树结构

下面将对与探索方向相关的前向探索及后向探索进行说明。如前所述，探索目标就是发现状态空间中从初始状态到最终状态的路径，探索的方向有两种，分别是从初始状态开始和从最终状态开始。前者称之为向前（forward）探索或者自下而上（bottom-up）探索，后者称之为向后（backward）探索或者自上而下（top-down）探索。

从各个问题来看，在问题2八数码难题的情况下，这两种探索方向几乎没有差别，但在著名的汉诺塔益智游戏中，一般先进行下节所述的问题分割，然后使用向后探索会更有效率。这两种方法要依问题而定，并不能说明两者之间的能力有绝对差别，但也有人认为，向后探索含有"因为最终状态如此，故其上一步状态也必如此"的思维，所以它更接近人类解决问题的过程。

2.3.2 问题分割法

在解决复杂问题时，有时会将其转换成其他问题，或者将该问题分割为多个简单问题来解答。为构建问题分割法（problem reduction method）[2] 轮廓，下面我们将以下列简单问题为例展开论述。

［问题 3］

想要从大阪市到四国的松山市，用哪种方法会比较好呢？

关于此问题的解决方法，有以下四种：

1. 坐飞机去；
2. 坐汽车去；
3. 坐轮渡去；
4. 坐火车去。

这其中的第2种方法可以置换为如下部分问题：

2-1　乘车从大阪到冈山县的仓敷市；

2-2　乘车从仓敷市到香川县的坂出市，期间经过濑户大桥；

2-3　乘车从坂出市到松山市。

想要解决问题 3，可以从 1 ~ 4 中选择任一方法，但第 2 种方法则要解决 2-1 ~ 2-3 的全部过程。将其进行形式表述，就形成如图 2.7 所示的 AND/OR 树结构。该图中的各节点中包括作为子节点的 AND 节点（在枝干上添加弧形来表示）或者 OR 节点。AND/OR 树结构有以下含义：

- 当某节点有 AND 节点时，若所有 AND 节点都得以解决，则该节点就被解决。
- 当某节点有 OR 节点时，若其中任一 OR 节点得以解决，则该节点就被解决。
- 终端节点即为问题得以解决的节点。

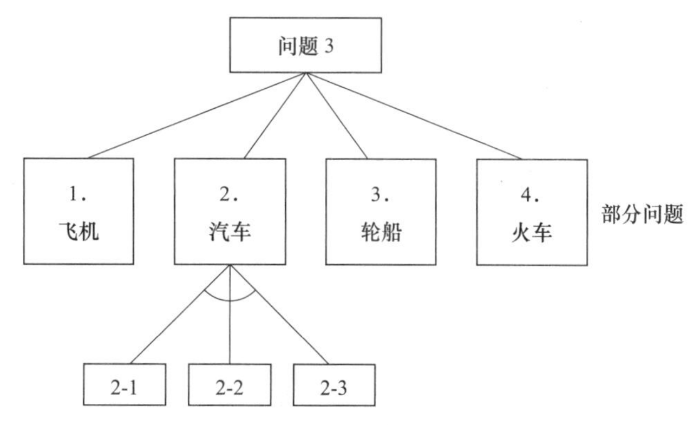

图 2.7　通过问题分割得出的 AND/OR 树结构

通过问题分割，问题以 AND/OR 树结构得以表述，而解决问题的操作最终归结于探索 AND/OR 树结构。但是，对于 AND/OR 树结构的探索会比图 2.5 所示的 OR 树结构复杂很多。

分割为部分问题的过程可反复进行，其结果就是部分问题会进一步置换为更小的问题，最终会得到原始问题（primitive problem）不能再分割下去的问题。将问题分割成部分问题再加以解决的方法就是问题分割法。可以说该方法和算法理论中的分治法（divide and conquer method）有着同样的思维方式。

2.3.3　手段 - 目的分析

虽然并非问题的定型化法，但在与状态空间法有密切联系的问题解决框架中，有一种名为手段 - 目的分析（means-ends analysis）的策略。中间结局分析在纽厄尔、西蒙所提倡的 GPS 程序中得以利用 [4]。这是从人类在解决问题时拥有明确目标并向着实现目标方向不断前进探索的问题解决过程中得到的启发。

GPS 的必要项目如下所示。此外，赋予初始状态和最终状态的符号表述是适用 GPS 的大前提。

手段 - 目的分析（GPS）：

1. 初始状态和最终状态；

2. 操作符；

3. 手段 - 目的表：指的是差异与操作符的具体对应表。此表会展示出当拥有某个目标时，适用哪一个操作符（手段）会更加有效。

4. 差异：表示的是当存在多项差异时，应当消除的差异的重要度的顺序。

GPS 就是用于计算出问题初始状态和目标状态之间的差异，并力求消除该差异的程序，并且在减少差异时参照手段 - 目的表，通过使用有效的操作符来进一步探索。

GPS 的基本操作有以下两种：第一，首先选出在某个时间点对目标有效的操作符，如果能够使用，就使用该操作符（向前探索）；第二，如果对目标有效的操作符不能很快得以应用，则应将使之能够使用作为子目标（sub-goal），重新返回重复以上过程（向后探索）。如此一来，GPS 巧妙地将向前探索和向后探索结合起来。

GPS 中探索的合理性源于差异及手段 - 目的表等知识。若对象问题能满足上述前提条件，且四个必要项目都得以设定，那么 GPS 在理论上就能用于解决任意问题。GPS 的特点就是将与操作符描述的知识不同形式的知识（手段 - 目的表和差异）导入系统，在某种意义上，这也暗示了知识的重要性。

习题

1.“传教士和食人族（missionaries and cannibals）问题”。

在河一边的岸上，有三个传教士和三个食人族要过河。河上只有一艘船，一次只能载两人过河。但在河两岸以及船上食人族数量比传教士多时，传教士就会被吃掉（人数相同时没关系）。怎样才能在传教士不被吃掉的情况下六人都顺利过河呢？

用状态空间法将以上问题进行定型，并求解。

2.“猴子和香蕉（monkey and banana）问题”。

一只猴子在一间屋子里。屋子里有一个箱子和一挂香蕉。香蕉挂在天花板上，猴子的手是够不到的。猴子应该怎样拿到香蕉呢？

该问题的思路是，猴子走到箱子边，把箱子推到香蕉下面，最后站到箱子上即可拿到香蕉。请用状态空间法定型化该问题。

3.“水桶分水（water jug）问题”。

有大、小两种规格的水桶，大桶里最多装 7L 水，小桶最多装 5L 水。开始两个桶都是空的，只用这两个水桶，最后怎样才能使大桶里只剩下 4L 水？当然，最后小桶里的水的多少是无所谓的，能够实行的操作只有以下四种：

a）在水桶里重新装满水。

b）将水桶里的水倒空。

c）将一个水桶里的水全部倒到另一个水桶中。

d）将一个水桶里的水装满另一个水桶。

请尝试用状态空间法定型化该问题。

4. “汉诺塔（tower of Hanoi）问题”。

有 a、b、c 三根柱子，在柱子 a 上重叠放置着三枚（大，中，小）正中间开口的圆盘（按照自下而上大、中、小的顺序）。通过利用柱子 b，使三枚圆盘按顺序移动到柱子 c 上，这就是“汉诺塔问题”。但是，大圆盘不能放在小圆盘上面。

请从目标状态开始解决该问题，并使用问题分割法，找出原始问题。

5. 请找出一个手段 - 目的分析不能适用的具体问题。

参考文献

[1] 辻井 潤一，“知識の表現と利用”，昭晃堂，1987.

[2] N.J.Nilsson, “Problem-Solving Methods in Artificial Intelligence”, McGraw-Hill, 1971.

[3] E.Charniak and D.McDermott, “Introduction to Artificial Intelligence”, Addison-Wesley, 1985.

[4] A.Newell and H.A.Simon：“GPS, A Program that Simulates Human Thought” in E.Feigenbaum et al. eds., *Computers and Thought*, McGraw-Hill, 1963.

[5] A.Barr and E.A.Feigenbaum, “The Handbook of Artificial Intelligence”, Volume I II, Pitman, 1981.

第 3 章 搜 索

本章将对作为解决问题基础的树状搜索方法进行论述。搜索（search）大致分为搜索时不利用附加信息的方法和利用附加信息的方法。前者是按照预定的顺序，系统地对状态空间的所有状态进行搜索。这种搜索被称为盲目搜索法，在状态空间有限且有解的情况下，是一定能够找到解的。但是当状态空间变大时，往往会一味地进行徒劳的搜索。这时就指望着像后者那样，利用附加信息进行有效搜索了。这种附加信息叫作启发式信息。该搜索可以用“智能 = 搜索”+“知识 = 启发式信息”的图式表示。

本章首先介绍盲目搜索法中的纵向搜索和横向搜索，以及迭代加深搜索。然后论述利用启发式信息进行搜索中的爬山算法、最佳优先搜索、A* 算法、实时 A* 算法。最后也将提及特殊树搜索法中的游戏树搜索。

3.1 盲目搜索法

盲目搜索法（blind search）就是一种在搜索时，不利用任何附加信息对状态空间进行搜索的方法。也就是说，不考虑先从状态空间哪一部分开始搜索，也不考虑哪个方向可能会有解等这类问题，而是一个不漏地进行搜索。盲目搜索法又称网罗式（exhaustive）搜索或暴力算法（brute-force）搜索。下面首先将向大家展示两个比较有代表性的方法：纵向搜索和横向搜索。

3.1.1 纵向搜索

纵向搜索又称深度优先搜索（Depth-First Search, DFS），在探索某节点时，一般下一个搜索节点就是该节点的子节点之一（通常是最左边的子节点优先），然后优先从该节点开始不断搜索更深层的节点。在图 3.1 所示的搜索树中，依次按照 S、a、c、d、b、e、g、h、f 的顺序进行搜索的方法就是纵向搜索。

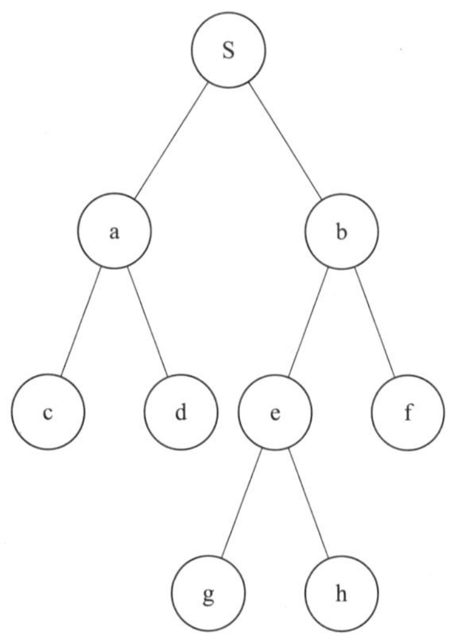

图 3.1 搜索树

在问题解决过程中，需获得从初始节点到目标节点的路线。其方法是，为了记忆各节点的父节点，就要事先添加从节点到父节点的指针。如果获得了目标节点，就要按照添加到节点上的指针，通过在指针上的回溯树来决定最终到达目标节点的路线。此外，找到搜索上的全部节点之后，并不是立即开始搜索，而是一边从搜索而来的节点依次生成子节点（这步操作称之为节点的扩展），一边进行搜索，这是在实际问题解决上的常用方法。以下就向大家展示纵向搜索的算法。

< 纵向搜索算法 >

Step1　将初始节点引入列表 L1。

Step2　if L1= 空　then　搜索失败，结束。

Step3　除去 L1 最前端的节点 *n*，引入列表 L2。

Step4　if *n* 是目标节点 then 搜索成功，结束。

Step5　if *n* 能扩展（有子节点）

then 将扩展而来的子节点按顺序（左边的子节点在最前端）保存，并引入列表 L1 的最前端。添加从子节点到 *n* 的指针。转到 Step2

else　转到 Step2

该算法中，在列表 L1、L2 中要保存以下内容。

L1：在生成的节点内，还未扩展的节点；

L2：扩展完毕的节点（搜索而来的节点）

表 3.1 展示了在图 3.1 的搜索树上运行纵向搜索时 L1 和 L2 的变化情况。

表 3.1　纵向探索中的列表变化

循环次数	列表 1	列表 2
0	[S]	ϕ
1	[a b]	[S]
2	[c d b]	[a S]
3	[d b]	[c a S]
4	[b]	[d c a S]
5	[e f]	[b d c a S]
6	[g h f]	[e b d c a S]
7	[h f]	[g e b d c a S]
8	[f]	[h g e b d c a S]
9	ϕ	[f h g e b d c a S]

3.1.2 横向搜索

横向搜索又称宽度优先搜索（Breadth-First Search, BFS），它将按照从由浅入深的顺序优先搜索相同深度的节点（通常从左边开始）。也就是说，无论从哪一节点开始，都将按照深度 1 的顺序不断扩展下去。例如，在图 3.1 的树结果中，按照 S、a、b、c、d、e、f、g、h 的顺序进行搜索的方法就是横向搜索。其算法如下所示。

< 横向搜索算法 >

Step1　将初始节点引入列表 L1。

Step2　if L1= 空 then 搜索失败，结束。

Step3　除去 L1 最前端的节点 n，引入列表 L2。

Step4　if n 是目标节点 then 搜索成功，结束。

Step5　if n 能扩展（有子节点）

then 将扩展而来的子节点按顺序（左边的子节点在最前端）保存，并引入列表 L1 的最后列。添加从子节点到 n 的指针。转到 Step2

else 转到 Step2

表 3.2 展示在图 3.1 的搜索树上运行横向搜索时 L1 和 L2 的变化情况。

此外，图 3.2 还展示了运用横向搜索解答问题 2（第 2 章中的八数码难题）的实例。

表 3.2　横向搜索中的列表变化

循环次数	列表 1	列表 2
0	[S]	ϕ
1	[a b]	[S]
2	[b c d]	[a S]
3	[c d e f]	[b a S]
4	[d e f]	[c b a S]
5	[e f]	[d c b a S]
6	[f g h]	[e d c b a S]
7	[g h]	[f e d c b a S]
8	[h]	[g f e d c b a S]
9	ϕ	[h g f e d c b a S]

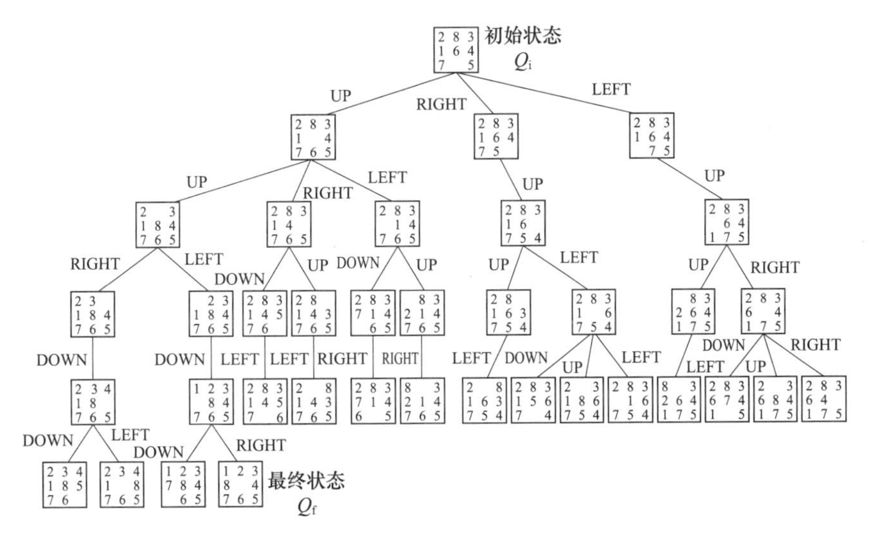

图 3.2　通过横向搜索实现的八数码难题搜索

3.1.3　纵向搜索与横向搜索的比较

纵向搜索和横向搜索算法上的差异表现在扩展而来的子节点进入列表 L1 的方式（Step5）。纵向搜索列表的数据结构是 LIFO（last-in first-out，后进先出）列表，或者也可以称之为栈（stack）。而横向搜索的列表数据结构是 FIFO（first-in first-out，先进先出）列表，或者也可以称之为队列（queue）。从程序技术方面来看，栈比队列更容易操作。因此，纵向搜索不仅作为一种简便的搜索方法被广为利用，同时它也常常被应用于逻辑编程语言 PROLOG 上。

在此，我们把搜索的各节点的分支数量设为 b，搜索的深度设为 d，当在深度 d 上有目标节点时，请思考纵向搜索、横向搜索各自的区域计算量（标记为内存量）、时间计算量（只标记为计算量）[2]（请参考本章习题）。首先，纵向和横向搜索所必要的内存量取决于如前所示算法中列表 L1 的长度。在纵向搜索中，当算法达到深度 d 最初的节点时，列表达最大长度。从深度 0 开始，在 $d-1$ 的各个深度上都容纳着 $b-1$ 个节点，并且因为要容纳深度 d 最初的节点，列表的长度就变为 $d(b-1)+1$。而横向搜索则在搜索到深度 d 的最初节点之前，至少需要将所有深度为 $d-1$ 的节点即 b^{d-1} 个节点容纳到列表中。因此，假设 b 固定不变，纵向搜索的内存量就成为深度 d 的线性次序，而横向搜索的内存量就成为深度 b 的指数次序。

其次，计算量可作为各算法进行搜索的节点数来评价。此时，不论纵向搜索还是横向搜索，计算量的次序都是深度 d 的指数次序 $O(b^d)$，但严格来说，横向搜索比纵向搜索多出 $\left(1+\frac{1}{b}\right)$ 倍。当 $b=2$ 时，即在有 2 个节点的上会多出 1.5 倍，但当 $b=100$ 时却不过多出 1.01 倍。

如上所述，纵向搜索的计算效率会更好，内存量也极低，因此被认为是一种比较好的方法，但很多情况下却未必一定如此。现在让我们假设存在多个目标节点，当想要搜索其中与初始节点较近的节点，即位于搜索浅处的目标节点时，假如右上部有所要求的节点时，纵向搜索就无法展示出其优秀的能力。另外，搜索的深度本质上是无限大的，当在上述相同位置存在目标节点时，在纵向搜索中就会存在无休止地扩展出与目标节点不同节点的风险。关于搜索的全部形状和目标节点的位置，可得出如下结论：当目标节点的深度比搜索的深度小时，横向搜索的能力会比纵向搜索更好。

那么，是否存在既能保证纵向搜索内存量 $O(d)$，同时又能兼顾横向搜索优秀搜索能力的盲目搜索呢？下节所介绍的迭代加深（iterative deepening）搜索就是为达上述目的而设计的方法。

3.1.4 迭代加深搜索

如上节所示，当纵向搜索能力下降时，目标节点的深度明显小于搜索树的深度。因此迭代加深搜索在进行搜索时就是要努力寻求目标节点深度和探索范围内深度的均衡。具体的思路是，首先设定终止搜索的深度，当未到达目标节点时，在逐渐加深终止深度的同时反复进行纵向搜索。以下给出其算法。

<迭代加深搜索的算法>

Step1　将 cutoff（终止搜索的深度）的初始值设为 1。

Step2　将初始节点引入列表 L1。

Step3　if L1= 空　then 将 cutoff 的数值增大，转入 Step2。

Step4　除去 L1 最前端的节点 n，将其引入列表 L2。

Step5　if n 是目标节点　then 搜索成功，结束。

Step6　if n 可扩展（有子节点）并且 n 的深度 < cutoff 的数值时，

then 进行扩展，并将得到的子节点顺序（左边的子节点在最前端）保存，并引入列表 L1 的最前端。添加由子节点指向 n 的指针。转入 Step3

else 转入 Step3

该算法中需要注意的是要反复搜索比目标节点浅的节点。在迭代加深搜索中，即使目标节点超过两个，也能清楚发现位于最浅处的目标节点，并可巧妙避开纵向搜索中出现的问题。该算法中的内存量和纵向搜索相同，而计算量虽然在次序上也和纵向、横向搜索相同，但严格来说，它是纵向搜索的 $\frac{b+1}{b-1}$ 倍（b 为节点分支数）。顺便说一下，$b = 2$ 或 $b = 100$ 时，其倍数分别是 3 倍和 1.02 倍。这说明就现实意义而言，迭代加深搜索是最合适的盲目搜索。

此外，以上所介绍的盲目搜索在表示状态空间（也就是搜索空间）大小的搜索深度上具有指数次序的计算量。因此，在处理状态空间极大的问题时，要注意不能直接使用该算法。另外，还有迭代加宽搜索（iterative broadening search）和双向搜索（bidirectional search）等盲目搜索法，前者对于宽度设置了终止搜索限制，后者则在找到相同状态的节点之前同时执行从初始节点进行的向前搜索和从目标节点进行的向后搜索[2,3]。

3.2 启发式搜索

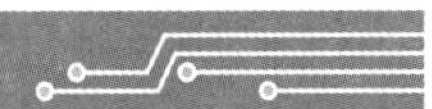

前节所展示的盲目搜索虽然是一种不受问题限制的通用搜索方法，但是往往会做一些无用的搜索。其原因就是盲目搜索没有利用问题所特有的信息和知识，如果对其加以有效利用，则可预测对于状态空间的搜索会变得格外有效率。如此说来，我们在搜寻东西时，并非不考虑周围要素，而是要根据搜索对象以及状况，制定诸如“可能一直放在平常放置的位置，所以应先从那里开始搜索”或“记得在某个位置之前还拿在手里，所以应先搜索该位置之后经过的地方”之类的策略，由此确定更好的搜索顺序。这样的做法，可想而知是需要一些附加信息帮助的。

什么样的信息对搜索有帮助呢？在前面所述的纵向和横向搜索过程中，有扩展节点这一步操作。有一种思路主张，先判断由扩展而来的状态距离目标状态有多近，再以此为基础限制搜索的方向。在八数码难题中，首先将在搜索点得到的状态和目标状态进行比较，然后对更接近于目标状态的操作符分支节点进行扩展即可。

虽然不能保证完全正确，但是这些信息对与对象问题相关的大部分内容均有作用，我们将其称之为启发式（heuristic）信息（发现性知识，有时也称启发法），并把基于此而进行的搜索称之为启发式搜索。

在搜索中利用启发式信息时，需要对其进行定量表述，一般用启发式函数 $h(x)$ 来表示。函数 $h(x)$ 会赋予一个评价值，“考察状态 x 距离目标状态有多近”，以此来评价状态 x 的优劣。因此，在启发式搜索过程中，在表示状态的各节点上对评价值高的节点，即距离目标状态近的节点进行扩展即可。在以后的论述中，我们将发现 $h(x)$ 越小，就表示状态越好。

3.2.1 爬山算法

在登山时，当我们站在途中某个地点时，会采用怎样的战略迈出下一步呢？我们应该会选择一个能够让我们从这个地点开始可到达一步范围之内最高地点的前进方向，然后在该地点再选择和前面一样可到达最高地点的路线。如此不断重复上述步骤后你会发现，无论你下一步做何选择，都会距离那个地点越来越近——那就是山顶。

爬山（hill climbing）算法就是一种使用了上述策略的搜索法。山顶就是目标状态，和山顶的高度差就是启发式函数。在从现在状态扩展而来的节点集合中选择函数值最小的节点，再从选出的节点中反复进行扩展，其原理是非常简单的。此外，爬山算法也被称为梯度下降（gradient descent）法。这里我们将启发式函数值假定为对目标的推定耗散值，其越小越能达到最好状态，所以称之为梯度下降法是非常直观的。

<爬山算法>

Step1　将初始节点引入列表 L1。

Step2　if L= 空 then 搜索失败，结束。

Step3　除去 L 最前端的节点 n。

Step4　if n 是目标节点　then 搜索成功，结束。

Step5　if n 可扩展（有子节点 n_i，$1 \leqslant i \leqslant k$）

then 进行扩展后，将 $h(n') = \min(h(n_i)$，$(1 \leqslant i \leqslant k)$ 的节点 n' 引入 L 的最前端。添加由节点 n' 指向 n 的指针。转到 Step2

else 转到 Step2

爬山算法是一种基于函数的最大（小）化的搜索法。但是爬山算法无法总是保证能够达到全局上的最优值，如图 3.3 所示，当为多峰函数时，就有可能陷入局部极小值（local minima）。启发式函数的参数有时会导致无解。此外，如果达到平顶（plateau）状态，就会失去继续搜索的方向。局部极小值是爬山算法中遇到的最本质的问题，为有效避免该问题，人们提出了模拟退火算法[2]，它可以在搜索时间流逝的过程中不断改变搜索范围。

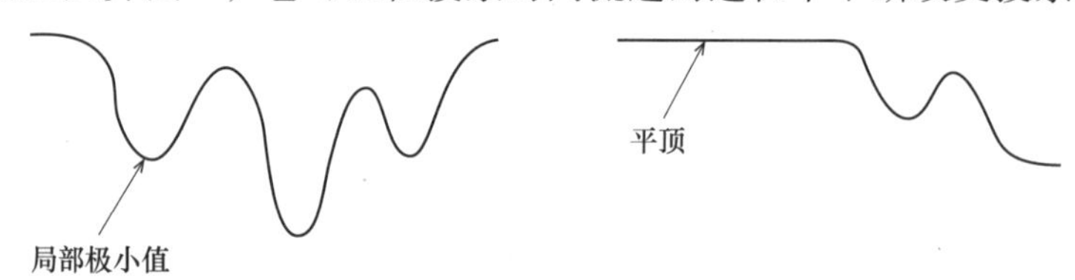

图 3.3　爬山算法中的局部极小值和平顶

3.2.2　最佳优先搜索

与爬山算法相比，最佳优先搜索（best first search）在扩展节点的选择方式上更考虑全局。该方法是一种基于启发式函数值的搜索策略，它从当前点为止得到的全部尚未扩展的节点里选择下一步应该搜索的节点。

<最佳优先搜索>

Step1　将初始节点引入列表 L1。

Step2　if L1= 空　then 搜索失败，结束。

Step3 去除 L1 最前端的节点 n，将其引入列表 L2。
Step4 if n 是目标节点 then 搜索成功，结束。
Step5 if n 可扩展（有子节点）

then 进行扩展，添加从全部子节点指向 n 的指针。将全部子节点引入列表 L1，将作为列表要素的节点 m_i 按照 $h(m_i)$ 的升序进行排序。转到 Step2

else 转到 Step2

图 3.4 展示了爬山算法和最佳优先搜索的区别，节点内的数字为启发式函数值。在第三阶段，爬山算法从 {7,8} 选取最小值，而最佳优先搜索则从未搜索的全部节点集合 {6,7,8} 中选取最小值。

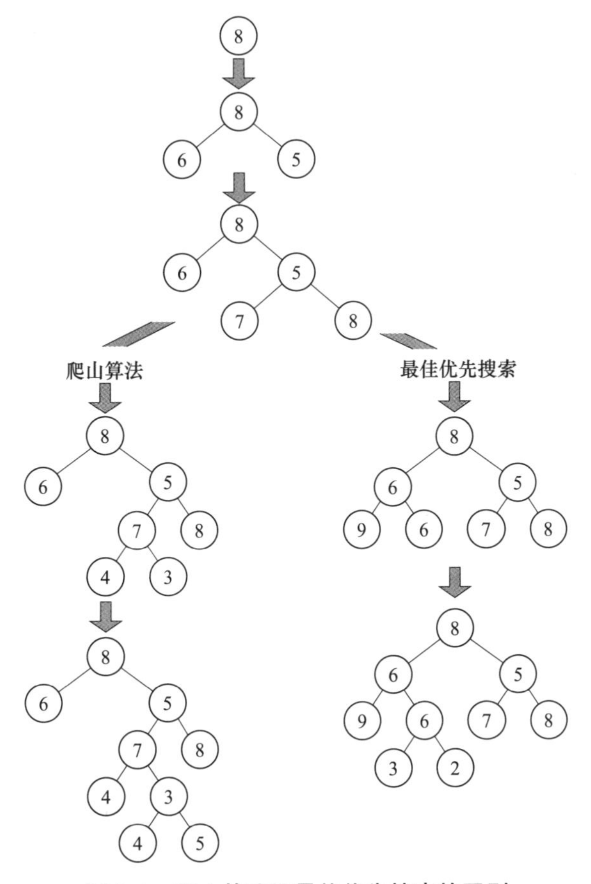

图 3.4 爬山算法和最佳优先搜索的区别

若能够确定合适的启发式函数，则搜索就会具有方向性，因此最佳优先搜索比盲目搜索能够更有效搜索目标状态。然而最佳优先搜索在对尚未搜索节点的容纳方面，需要更多的内存量。

3.2.3 A* 算法

下面为大家介绍一种在使用启发式函数中常用的著名搜索法——A* 算法。最佳优先搜索通过评价函数并不能保证一定能找到搜索耗散值最小的解。搜索耗散值最小是指在搜索、图中，操作符对于各分支的耗散值总和最小，而且当各分支的耗散值固定时或不预先假定耗散值时，就意味着能在最浅位置搜索到目标状态。A* 算法的特点是能够找到在搜索耗散值方面最优解（耗散值总和最小的路径）。

在 A* 算法中，我们把各节点 n 上的评价函数 $f'(n)$ 设为 $f'(n) = g'(n) + h'(n)$。在这里，

$g'(n)$：从初始节点到节点 n 最佳路径耗散值的评价值；

$h'(n)$：从节点 n 到目标节点最佳路径耗散值的评价值（启发式函数）；

f'、g'、h' 的真值分别为 f、g、h。

< A* 算法 >

Step1　将初始节点 S 引入列表 L1。

　　$f'(S) \leftarrow h'(S)$

Step2　if L1= 空 then　搜索失败，结束。

Step3　去除 L1 最前端的节点 n，将其引入列表 L2。

Step4　if n 是目标节点　then 搜索成功，结束。

Step5　if n 可扩展（有子节点）

then 进行扩展，对于全部子节点 n_i，计算 $f'(n, n_i) \leftarrow g'(n, n_i) + h'(n_i)$。其中 $g'(n, n_i)$ 是从 S 开始经过 n 最后到达 n_i 的耗散值的评价值。

（i）若 n_i 不在 L1 或 L2 中，则运行 $f'(n_i) \leftarrow f'(n, n_i)$，将 n_i 引入 L1，并添加指向 n 的指针。

（ii）若 n_i 在 L1 中，且 $f'(n, n_i) < f'(n_i)$，则运行 $f'(n_i) \leftarrow f'(n, n_i)$，并添加指向 n 的指针。

（iii）若 n_i 在 L2 中，且 $f'(n, n_i) < f'(n_i)$，则运行 $f'(n_i) \leftarrow f'(n, n_i)$，将 n_i 从 L2 中去除，引入 L1，并添加指向 n 的指针。

将 L1 内的节点按 f' 的升序排序。转到 Step2

else 转到 Step2

在满足 $h'(n) \leqslant h(n)$ 时（该条件称之为可容许性（admissibility）条件），A* 算法运行良好，可搜索到最合适的目标状态。此外，该算法还有一个特点，当 $h'(n)$ 越接近 $h(n)$ 的最低限时，搜索的节点就会越少。

3.2.4 实时 A* 算法

由于在事先对到达目标路径进行搜索之后得到的解可视为可适用（可移动），所以 A*

算法有时也被称为离线搜索。对此，近年来实时搜索（real time search）研究方兴未艾，该搜索策略在经过一定时间搜索后会确定路径，并一边移动一边继续搜索。这与在可移动型机器人或资源限制系统规划领域非常注重实时性有着很大的关系。

本节将介绍由科尔夫（Korf）提出的实时 A^*（RT A^*）算法[4]。RT A^* 与 A^* 不同，虽然它不能求得最优解，但是能够减轻搜索所需计算量。在 RT A^* 算法中虽然启发式函数 $h'(n)$ 与 A^* 等值，但具体而言，多数情况下会赋予其从节点 n 开始进行一定深度的前瞻性搜索后获得的节点 n_d 的评价函数估值与从 n 到 n_d 之间最佳路径的耗散值之和的最小值。

<RT A^* 算法 >

Step1　将初始节点引入列表 L。

Step2　if L 最前端的节点 n 是目标节点 then 搜索成功，结束。

Step3　if n 有邻居节点 n_i，有（$1 \leqslant i \leqslant k$）

then 对于全部邻居节点 n_i，计算 $f'(n, n_i) \leftarrow c(n, n_i) + h'(n_i)$。其中 $c(n, n_i)$ 是从 n 到 n_i 的耗散值。

将满足 $f'(n, n_t) = \min(f'(n, n_i))$，$(1 \leqslant i \leqslant k)$ 条件的节点 n_t 引入列表 L 的最前端（相当于移动）。当存在多个最小节点时，进行随机选择。

当存在多个邻居节点 n_i 时，将 $h'(n)$ 的值更改为 $f'(n, n_i)$ 中第二小的值（当存在多个最小值时，改为最小值）。相反，当 n_i 只有一个时，$h'(n) \leftarrow \infty$。转到 Step2

else 搜索失败，结束。

将搜索来的节点保存至列表 L 中，其大小与实际移动的次数成正比。该算法与 A^* 算法的不同在于，该算法中的状态评价值 f' 并不考虑从初始状态开始的耗散值，它考虑的是从当前状态开始的实际耗散值。因为该算法并不评价搜索过程，所以会循环搜索同一状态，看上去好像进入无限循环中，但是由于更改后的 h' 是单调递增，所以不会产生上述所谓无限循环的情况。若状态空间有限，各分支的耗散值为正数，评价值有限，且可达到目标状态，则 RT A^* 就一定能够找到解（完全性）。

3.2.5　启发式函数的具体实例

启发式搜索中最重要的就是启发式函数的生成方法。由于这里所指的启发式函数不会进行前瞻性搜索，而是对某状态本身做出直接评价值，所以又被认为是静态评价函数（static evaluation function）。

下面让我们考察一下问题 2 八数码难题中的启发式函数。在八数码难题中，因为目标（最终）状态已明确，所以当前状态和目标状态的差异也能比较容易表现出来。例如，假设启发式函数中存在如下要素[5]：

h1：没有放在正确位置的棋子数量；

h2：各棋子当前位置和正确位置之间距离的总和。

在图3.5中，将上述要素作为部分评价函数，将两者之和用来表示启发式函数，然后用 A^* 算法来解决问题2。其中各分支的耗散值一律设为1。在该图中括号内数字表示各状态的评价值 f'。

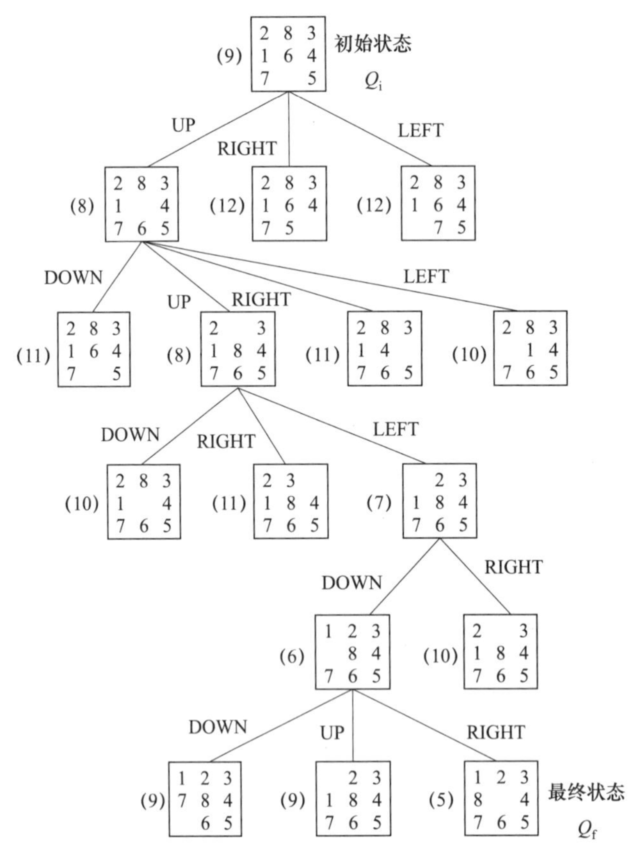

图3.5　通过 A^* 算法进行的八数码难题搜索

3.3　博弈树的搜索

游戏与智力测试同为AI的经典性问题，这里所说的游戏指的是两人参与的完全游戏。所谓完全游戏是指两个人轮流出手，最后其中一人会赢，或两者打平手的游戏，相当于国际象棋、西洋跳棋、围棋、日本象棋等。而骰子、西洋双陆棋、麻将等在结果上含有概率因素的不完全游戏不在考察之列。

游戏采用的基本策略是自己走好每一手，而对方则频出昏招。换言之，在推进游戏进程时，要让自己的评价值尽可能高，并让对方的评价值尽可能低。游戏和智力测试一样，通过对状态空间内（称为博弈树）搜索来求解在理论上是可行的。只要找到从游戏的初始状态到目标状态的路径即可，而此过程中要运用与游戏走法相对应的操作符，并带有与输、赢、平局相对应的评价值。然而，在游戏中，除了像井字棋（tic-tac-toe）那样极其简单的游戏外，都是不可能事先给予你对整个棋局的走法的。通常我们认为非常有趣的游戏，其状态空间都是格外大的。

游戏的状态数以及博弈树的大小（从初始局面开始到游戏结束为止要搜索的节点总数）各不相同，西洋跳棋为 10^{18}、10^{31}，国际象棋为 10^{50}、10^{123}，日本象棋为 10^{80}、10^{220}，围棋为 10^{172}、10^{360}。[6] 其中日本象棋和围棋的博弈树规模超大。因此，我们不得不放弃从初始开始制作博弈树，然后尝试所有可能性的策略。

因此，我们必须导入能够根据对手的走法决定自己相应走法的机制，即通过搜索博弈树的一部分来决定自己的走法。下面所述极小极大（minimax）算法及 α-β 算法均为在博弈树上对搜索进行适当限制，并选择可导向最优状态走法的策略。和上节相同，这些策略的评价函数都发挥着重要的作用。评价函数的能力越高，搜索即使浅一点也没关系。相反，评价函数的能力越低，就越需要深层的搜索。换言之，能够很好地把握局面，并且能够切实表现出走法策略的知识是能够很好地履行搜索职能的 [5]。从这个意义上说，借助于游戏而存在的知识，其表述是非常重要的，即使是现在，对于该问题的研究仍在不断推进。在下列论述中并不对该问题有过多触及，而是在已赋予节点以评价值（在本节中，数值越高状态越好，要注意和前一节相反）的前提下展开的。

3.3.1　极小极大算法

如图 3.6 所示，我们将对从当前局面 S 开始深度为 3 的博弈树进行考察，并做如下设置。被称为“名人”并持先手的人总是想要尽量走出对自己最有利的棋步，即尽力取得最大评价值。接下来被称为“本因坊”并持后手的人在出手时则尽力取得最小评价值。在图 3.6 中，“名人”“本因坊”所走的每一手棋步分别用符号□、○来表示，若“名人”“本因坊”在各自的棋局里分别选择评价值最大或最小的棋步，即可得到括号内的评价值。在位于节点 c 中的子节点 g、h、i 中，选取其中最大节点 h 的评价值，在位于节点 a 中的节点 c、d 中，选取其中最小节点 c 的评价值。最终结果是，“名人”在棋局 S 上会走出导致状态 a 的棋步。

为了从如上获取的评价值中选取对手所走出的最小值（极小）和自己所走出的最大值（极大），而进行反向搜索时，我们将决定该棋局棋步的方法称为极小极大算法。在极小极大算法中，只要评价值正确就能保证有最好的决策。但是，因为前瞻性搜索流程和局面评估是独立存在的，所以从搜索效率这一点来看并不令人满意。实际上，对于前瞻性搜索长度来说，要搜索的节点是呈指数式增长的。于是就产生了一种同时进行前瞻性搜索和局面评估，并对博弈树进行剪枝的 α-β 算法。

3.3.2 α-β 算法

继续以图 3.6 为例，极小极大算法要搜索该图的所有节点，而 α-β 算法却能够省略搜索节点。如下所示，α-β 算法是极小极大算法的改良版。

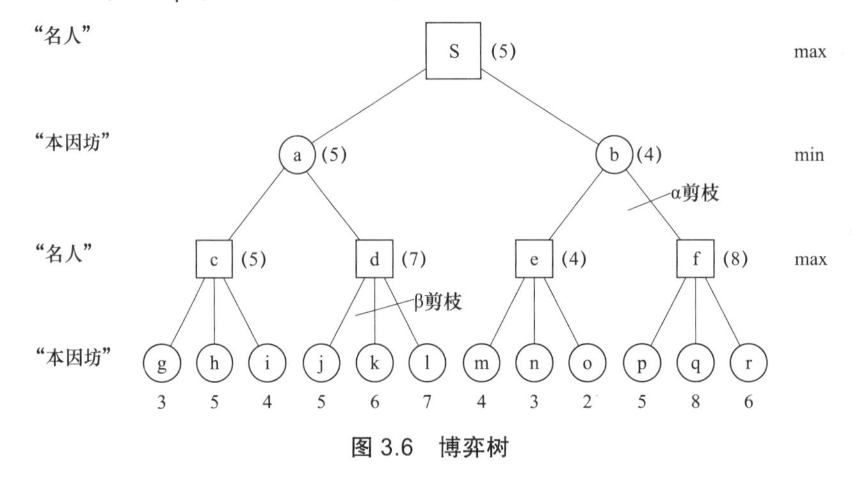

图 3.6 博弈树

节点 x 的评价值用 $h(x)$ 来表示。现在假设按照极小极大算法顺序进行搜索，得知 $h(\mathrm{c}) = 5$，在此基础上求 $h(\mathrm{d})$ 的值。此时要保证 $h(\mathrm{a}) \leqslant 5$。原因是“本因坊”会取 $h(\mathrm{c})$ 和 $h(\mathrm{d})$ 的最小值，若 $h(\mathrm{d}) \geqslant 5$，就不可能选择节点 d 了。因此，数值 5 是 $h(\mathrm{a})$ 的上限。为求 $h(\mathrm{d})$，需要对节点 j 进行搜索，得知 $h(\mathrm{j})=5$，结果就是节点 k、l 不管取多大值，“本因坊”一旦选择节点 d，都不可能比选择节点 c 有利。因此，对于节点 k、l 的搜索在此可以省略。因为已经明确 $h(\mathrm{a})=5$，所以通过极小极大算法顺序可知 $h(\mathrm{S}) \geqslant 5$。在这里，数值 5 是 $h(\mathrm{S})$ 的下限。接下来搜索节点 e 的子节点 m、n、o，并假定 $h(\mathrm{e})=4$。和前面一样，此时要保证 $h(\mathrm{b}) \leqslant 4$。因为“名人”即使选择节点 b 对自己也不会有利，所以没必要先于节点 f 进行搜索。

在以上过程中，将要选取最大评价值时的下限称之为 α，将要选取最小评价值时的上限称之为 β，α-β 算法的名称即由此而来。对于 α、β 的搜索限制分别被称为 α 剪枝和 β 剪枝。在图 3.6 中，节点 k、l 的省略是由 β 剪枝带来的，而节点 f 以下的省略则由 α 剪枝带来的。

3.3.3 游戏编程现状

关于游戏编程，“计算机 <游戏名>”程序会通过与人类名将比赛，不断进步、进化。计算机已经打败过人类的游戏包括西洋跳棋、黑白棋、西洋双陆棋、国际象棋。计算机国际象棋发挥了游戏编程的引导作用，在 1997 年，由 IBM 开发的计算机国际象棋专用机器“深蓝”战胜了人类国际象棋冠军。有助于提升计算机国际象棋能力的因素除了并行计算等硬件方面取得巨大进展外，迭代加深算法和残局库等技术的进步也频频被提起 [6]。

计算机国际象棋战胜人类冠军给很多方面带来巨大冲击，也促进了计算机日本象棋 [7]

的开发。另一方面，1997 年日本信息处理学会设立了游戏信息学研究会，加速了游戏编程研究学术地位的确立。随后计算机日本象棋在 2006 年迎来了一次巨大的技术革新，机器学习和游戏编程实现融合。计算机日本象棋 Bonanza 的业内权威设计师保木将职业棋手的棋谱作为教师数据，使用有监督学习方式实现了日本象棋评价函数参数的自动确定。他将参数调整定型，并通过梯度下降法来解决目标函数的最小化问题。评价函数在游戏中相当于局面评估，如前节所述，其决定方式非常重要，因为决定方式会赋予其一条自动化路径。此后，计算机日本象棋在并行计算环境和基于多数一致表决算法的推动下获得了长足的发展。截止到 2014 年，在顶级职业棋手和计算机日本象棋之间的人机大战中，计算机日本象棋占据优势，并且已达到可与日本象棋冠军匹敌的水平。

围棋和日本象棋相比，游戏的状态数值高出了 10^{90} 倍之多，并且将围棋棋子形状和强弱等予以评价函数化并不简单，鉴于此，计算机围棋还达不到计算机日本象棋的程度。从策略特征看，计算机日本象棋、计算机国际象棋采用的是基于极小极大算法的树搜索，而计算机围棋则常常使用蒙特卡罗树搜索（Monte-Carlo tree search）法。蒙特卡罗法指的是利用随机数的统计模拟方法，从可能的所有棋步中随机决定其中一手，在下一步棋局中也随机决定其中一手，在决定胜负的最终棋局之前重复进行上述操作。由于在最终棋局到来之前循环反复进行搜索，所以可选出平均胜率最高的棋步。该策略的特点是不需要棋局状态评价函数。就现状而言，虽然它还没有达到战胜人类冠军的程度，但是就计算机国际象棋、计算机日本象棋的发展史看，不久计算机围棋就会发生巨大变革，毋庸置疑会在不久的将来超越人类。

习题

1. 如下所示，将纵向搜索、横向搜索、迭代加深搜索的计算量分别设为 T_{df}，T_{bf}，T_{id}，此外，b 为搜索树各节点的分支数，且在深度 d 上存在目标节点。

（a）$\dfrac{T_{\mathrm{bf}}}{T_{\mathrm{df}}}=\dfrac{b+1}{b}$；

（b）$\dfrac{T_{\mathrm{id}}}{T_{\mathrm{df}}}=\dfrac{b+1}{b-1}$。

2. 请对模拟调整方法上局部最小值的回避战略进行探讨。

3. 关于 A^* 算法，请回答以下问题。

（a）求计算量；

（b）当启发式函数的假定值 h' 与真值 h 的关系为 $h' \leqslant h$ 时，证明其能够搜索到最佳路径；

（c）在利用满足 $h'_1 \leqslant h'_2 \leqslant h$ 条件的函数时，分别对各自搜索节点数的变化进行探讨。

4. 运行迭代加深 A^*（IDA^*）算法（参考迭代加深搜索）。所谓 IDA^* 算法指的是函数 f 只搜索阈值（cutoff）以下的节点（阈值以上节点不搜索），并在求解之前保持阈值持续增量的一种 A^* 算法。

5. 请探讨 RT A* 算法中将评价值变为第二小数值的利害得失。

6. 将探讨以下问题的启发式函数。

（a）n-queen 问题；

（b）日本象棋。

7. 关于 α-β 算法，请回答以下问题。

（a）在何种情况下 α 剪枝、β 剪枝能最有效率运行？

（b）请分析在上述情况下，与极小极大算法相比，效率会有何种程度的提升？

8. 请对游戏树中的水平效应（horizontal effect）进行说明，并论述其对策。

参考文献

[1] N.J. Nilsson, "Problem-Solving Methods in Artificial Intelligence", McGraw-Hill, 1971.

[2] M. Ginsberg, "Essentials of Artificial Intelligence", Morgan Kaufmann, 1993.

[3] S. Russell and P. Norvig, "Artificial Intelligence, A Modern Approach", Prentice-Hall, 1995.

[4] R.E. Korf, "Real Time Heuristic Search", Artificial Intelligence, Vol.42, No.2/3, pp.189-211, 1990.

[5] 辻井 潤一, "知識の表現と利用", 昭晃堂, 1987.

[6] 松原 仁, "最近のゲームプログラミング研究の動向", 人工知能学会誌, Vol.10, No.6, pp.3-13, 1995.

[7] レクチャーシリーズ：「コンピュータ将棋の技術」(1)-(7), 人工知能学会誌, 2011 年 5 月-2012 年 7 月.

第 4 章 知识表示

在 1970 年以前的 AI 研究即第一时代的 AI 研究中，人们没有将智能视为解决问题的手段，而是当作一般事物，并将其归于搜索功能的范畴进行研究。早期主要应用的领域有游戏、智力测验、智能规划、定理证明等，那时智能导向是十分清晰明白的。当然，作为研究对象的问题主要是一些搜索空间小且领域相对简单的问题（玩具问题）。

第二时代的 AI 研究一反以往对玩具问题的追求常态，向现实世界的问题发起冲击，开拓了知识工程学这一全新领域，这也成为专家系统研发的开端。知识工程学提出了一个新的系统构成论，它重视个别问题的相关知识，将其数据化并用于解决问题。由此，AI 完成了由智能导向向知识导向的转型。

本章中，我们将对专家系统中知识处理技术方面的知识表示问题进行相关论述。

4.1 知识库系统

4.1.1 问题解决与知识库系统

人类是如何认识周围环境，并运用知识去解决问题的呢？遗憾的是，此机制尚未被人类所认识。虽然在 AI 研究中，需要理清人类机制本身，但大多数的 AI 研究并不追求完全复制该机制，而是努力去赋予系统一种智能的能力。特别是自知识工程学兴起以来，人们对特定问题领域的某些任务进行了探讨，研发了与人类具有同等能力的系统，即专家系统（expert system），而专家系统随后慢慢演变为知识库系统（Knowledge Based System, KBS）的基本框架，知识库系统也被称为将人类知识存入机器之中的系统 [1]。如图 4.1 所示，KBS 以知识库与推理机制为中心，还包含有接口、知识获取机制等。

4.1.2 知识与知识库

什么是“知识”，这是一个深远的命题，它与什么是“智能”一样，大概没有明确的解释，它应从各种观点、论点加以理解。反过来说，或许正是因为知识是不可解的，为了阐明知识的本质而诞生了知识工程学。

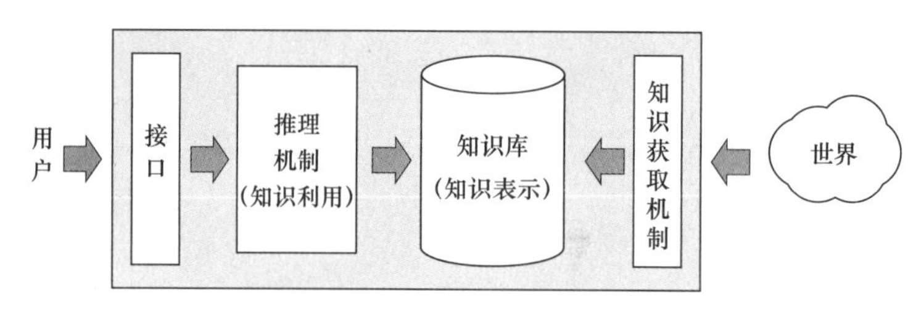

图 4.1　知识库系统概念图

虽然“知识”是一个模糊的概念，但是在 AI 领域中，对“知识库（knowledge base）”的定义还是较为明晰的：

☐ 作为问题解决对象的世界中一切事实与规则的形式说明的集合。

☐ 通过某种形式结构化的数据的集合。

☐ 用于推动 KBS 推论引擎运行的事物的集合（即推论引擎的燃料）。

4.1.3　知识库系统的特征

下面我们将对 KBS 里作为知识集合体的知识库与人类知识做一番考察[1]。知识库的特征之一便是知识库中内容的永久性。例如，虽然有人能熟练解决某一问题，但是只要那人一旦不在了，该问题就一下子变成无法解决。因此，知识、技能的传承是代际交替中的重要课题。与此相反，知识库一旦构建完成，便能永久使用。更有甚者，通过对知识库的复制，能生成若干相同的知识库。然而，对人类而言，却很难将一个人的知识复制给另一个人。

KBS 的特征之二是一致性。只要知识库相同，那么 KBS 给出的答案也不会改变。然而，人类在不同的状况和心情下有时会给出不同答案，就这一点来看，不得不说与知识库相比，其一致性较低。

正如专家系统这一名称所暗示的那样，KBS 只能在特定行业、任务中发挥作用。像人类那样不受领域任务的限制就能做出智能行为，就现阶段而言是不可能的。例如，不受行业、任务限制的人类知识即常识在问题解决过程中发挥着主要作用。但是，要将这种常识机制赋予 KBS 却是十分困难的。专家系统正是因为限定了领域，才获得了成功，并向人类证明了其价值。

人类的特征有：融通性、灵活性、适应性、创造性等，而这些特性是现行的 KBS 所不太具备的，就此意义而言，需要进一步的技术创新。

4.2　知识处理的三个阶段

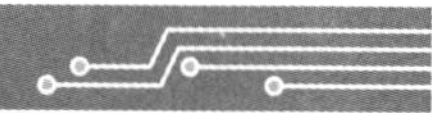

KBS 中知识处理分三个基本阶段：知识表示（knowledge representation）、知识利用（knowledge utilization）和知识获取（knowledge acquisition）。

首先，知识表示是指为解决问题而对目标区域进行描述的形式表达。知识表示的要求有：

☐ 目标世界的表达能力要强。

☐ 有良好的知识描述性及可读性（对人类而言）。代表性的知识表示有：生产规则表示、语义网络表示、框架表示、形式逻辑表示等，后文会对此进行说明。

其次，知识利用是指运用表示出来的知识来解决问题，可将其视为推理机制来理解。那么毋庸置疑，KBS 所具备的知识的质量、数量及推理方法将决定该系统的能力。在此之前，以三段论为基础的演绎推理一直被广泛运用，而近年来，研究范围已经超越了演绎推理的框架，逐步扩展到归纳推理、不明推论式、假设推理、类比推理等高阶推理。需要注意的是，推理方法与知识表示密切相关，换言之，若不考虑推理方法，那么知识表示也就无从谈起。

最后，知识获取是以解决问题所需知识的获取及对该知识进行精炼（refinement）为中心的。知识的获取通常使用的是归纳法，而知识的精炼通常使用的是演绎法。现阶段，一般是利用支持知识获取的工具，通过采访等方式从专家处获取到知识，再将其建成知识库。然而，获取大量知识是有限度的，知识获取越来越成为 AI 系统的一大瓶颈（称为知识获取瓶颈）。知识获取的自动化作为一种机器学习（machine learning）在 AI 研究中逐渐形成一大趋势。关于机器学习，我们将在第 7 章进行论述。

4.3 知识的分类

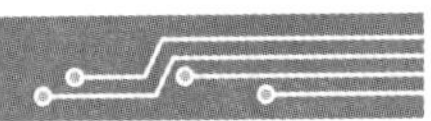

本节先将由 KBS 处理的知识进行对比性分类，再从多个角度进行考察。

4.3.1 专业知识与常识

专家系统中使用的专业知识（expert knowledge, expertise）是专家在解决问题时有意识使用的知识。由于这些知识高度依赖于相应的行业、任务，所以通常无法在别的行业、任务中使用。此外，这些知识对非专家而言是不容易理解的，但是却容易通过规则形式等方式记录下来。

另一方面，常识（common sense）与专业知识正好相反，它通常对于行业、任务具有相对独立性，且我们会在日常生活中无意识地使用，具有高度抽象性。这类知识是难以捕捉的，想要将其记录下来并建成知识库也不是一件容易的事。虽然自古以来人类就很重视通过常识进行推理，但尚未提出决定性的策略，还在对其不断进行探讨。

另外，有时也会将专业知识与常识之间的对比抽象化，将其分别作为显性知识和隐性知识来进行对比。

4.3.2 陈述性知识和程序性知识

陈述性（declarative）知识是说明概念是什么（what）的知识，而程序性知识则是告诉你对于概念该如何做（how）的知识。例如，以“快速排序”为例，“它在实际使用中是速度最快的排序，平均计算量呈 $n \log n$ 的顺序变化”。这属于陈述性知识，而“从数据列中选择某个数据（透视数据），比较其与透视数据之间的大小，形成两个数据列，然后针对各数据列再次……”这属于程序性知识。

4.3.3 经验知识和理论知识

经验知识也被称为启发式（heuristics）知识，虽然不能保证完全正确，但在大多数要解决的问题中是成立的。人类专家通常是通过解决问题过程中积累的诸多经验来学习经验知识的。此类型知识的特征包括：个人主观性、非明示性、非理论性、非形式性等。通常用于直接解决问题，也有助于提升解决问题的效率。另外，经验知识有时也被称为浅层知识。例如，在诊断型专家系统中，类似于“如果有……的迹象，则……即为故障”之类的知识就属于浅层知识，它只表达了表面上的因果关系。

理论（theoretical）知识是该问题领域背后所涉及的数学和科学理论。例如，由水流过的管道组成的工厂的故障诊断系统，其涉及的背景理论就包括流体理论等。目前为止，虽不直接将理论知识用于问题解决中，但研究其与经验知识之间的关联则是一个重要课题。与浅层知识相对，理论知识有时被称为深层知识。具体的深层知识包括：目标模型、因果关系网、定性模拟实验模型等，模型库推理也是一种使用该知识的推理方式。

4.3.4 行业知识和任务知识

行业（domain）知识顾名思义就是指某个问题领域中固有的知识。行业存在于医疗、工厂、旅游、管理等诸多方面。

另一方面，任务（task）知识则是有关解决问题所固有的行为方面的知识。任务又可以细分为：诊断、设计、计划、控制等类型。

专家系统的特点就是有两个轴：行业与任务。MYCIN 系统的领域属医疗，任务为诊断，XCON 系统的领域属计算机系统，任务为计划。

4.3.5 完整的知识和不完整的知识

首先，完整的（complete）知识通常定义为正确的知识，或者说是关于对象的全部描述的知识。相反，不完整的知识通常是一个总称，它包括未必正确的知识、假设性的知识、包含例外的知识、不确定的知识、模糊的知识、说法有欠缺的知识等。

知识完整性的观点与形式逻辑和推理的本质密切相关，该观点认为用一阶谓词逻辑等普通逻辑编写的知识就属于完整的知识，而不完整知识则无法用普通逻辑编写，因此其尝试进行多种扩展编写。

此外，对完整知识的推断具有单向性（即使知识增加，也不会推翻先前的结论），与此相反，对不完整知识的推断则具有非单向性（通过增加知识可推翻先前的结论）。

4.4 知识表示概要

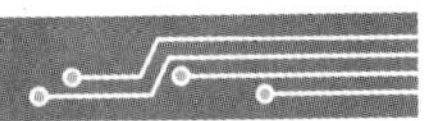

用 KBS 系统解决问题时，储存在知识库中的知识首先应该是与作为问题解决对象的世界相关的知识，即

□ 与世界相关联的概念的描述。

□ 存在于世界的客体及其属性。

□ 客体之间的关系。

□ 概念之间的关系。

例如，如果需要解决的问题属于“鸟类”世界，那么

□ 概念描述:“鸟有羽毛”。

□ 客体及其属性:“Tweety（客体名）有红色的喙”。

□ 客体之间的关系:“Tweety 的孩子是 Sweety”。

□ 概念之间的关系:“乌鸦是一只鸟”。

这些事实和规则以可被计算机处理的某种形式性的体系（知识表示语言）描述出来，经常会使用一阶谓词逻辑等编写方式。

可是，仅凭关于世界的这些知识还不足以让作为问题解决器（problem solver）的 KBS 系统运行，还需要一种称之为元知识（meta knowledge）的要素。元知识就是关于知识的知识，负责推理的控制和管理。推理过程中，要进行什么推理、优先推理哪部分、如何推进推理的深入等相关知识即为元知识。

另外，知识表示根据表示形式的不同，又可分为陈述性表示和程序性表示。程序性表示是用算法表达出解决问题的步骤，因此元知识及有关世界的知识融为一体。因此，知识隐藏在程序中，没有被明确表达出来。程序性表示的缺点是缺乏模块性、扩展性（修改、添加、删除）、移植性。

另一方面，陈述性表示是将知识以一种明示性的声明形式（例如事实和规则）表达出来，其特征与程序性表示正好相反。在问题解决中，是将依赖陈述性表示的知识库和通用知识库操作模块组合在一起运行的，这也是专家系统中最常用的形式。

那么，在解决问题过程中，应该表示什么样的知识内容呢？这实际上是一个非常重要的问题。但是，我们并没有一般性的指导方针，到目前为止，我们一直在开发的是俗称对症疗法的系统。从对这类开发方法的反思中，我们正在尝试去明确构建知识库系统时所必需的、称之为本体论（ontology）的基本概念和词汇（类型）。

关于这类内容将在 4.6 节展开叙述。

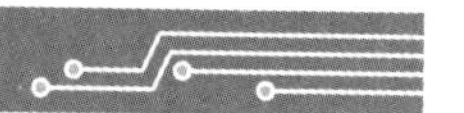

4.5 代表性知识表示法

4.5.1 生产规则

生产规则（production rule）是生产系统（Production System, PS）中使用的一种知识表示，该生产系统于 1973 年由一位名叫尼维尔（Newell）的人作为人类心理学模型之一提出的。PS 被以 MYCIN 为首的多个专家系统所采纳，并以规则库系统（rule based system）这一总称构成 AI 系统的核心。

如图 4.2 所示，PS 由 3 个模块构成，分别为：规则库（知识库）、运行存储器（数据库）、翻译器（推理引擎）。

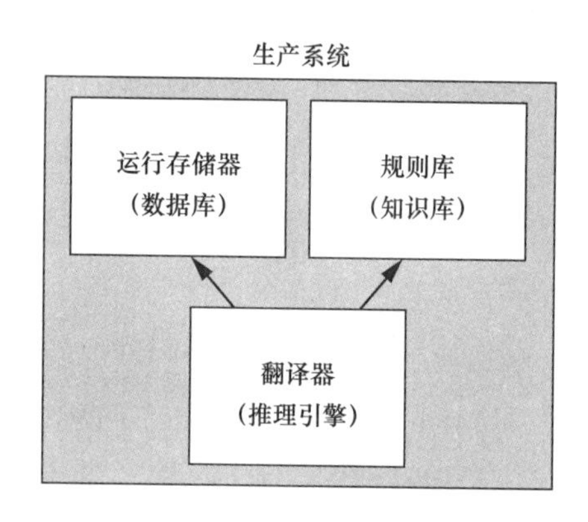

图 4.2

规则库是所有符合“IF C1, C2, C3, …, C*n* THEN A1, A2, A3, … , A*m*”这样形式的规则的集合，我们称此形式为生产规则。C1, …, C*n* 称为条件部分或者是 LHS（Left Hand Side），A1, …, A*m* 称为行动部分或者是 RHS（Right Hand Side）。上述公式的解释为：“当 C1, …, C*n* 同时存在于工作存储器中时，则执行 A1, …, A*m*”。

翻译器则不断重复执行下列 1 ~ 3 的识别—行动操作循环（recognize-act cycle），以此来运行 PS 系统。

1. 匹配（matching）：将工作内存状态与规则库中的各项规则一一对照，创建一个竞争集合（conflict set），并放入所有匹配合适的规则。

2. 竞争解除（conflict resolution）：遵从竞争解除策略，从竞争合集中选取一个规则。

3. 执行（action）：根据所选规则，变更工作存储器中的内容。

上述循环操作中，计算成本最大的是匹配一项。在匹配一项中，我们提出了一个通过保存先前匹配结果来加速匹配效率化的策略，Rete 和 Treat 算法由此广为人知。此外，竞争解除策略中还有其他各种策略，如直接采用最先匹配上的规则的简单策略和遵从规则优先顺序的策略等。

识别—行动操作循环中的匹配操作也分为两种情况：一是着眼于规则的 LHS，另一个是着眼于规则的 RHS，我们将前者称之为正向推理（forward reasoning）、数据驱动型（data-driven）推理、自下而上式（bottom-up）推理等，将后者称之为反向推理（backward reasoning）、目标驱动型（goal-driven）推理、自上而下式（top-down）推理等。此外，我们将两者的并用称之为双向推理。

PS 系统的优点有：①系统结构简单；②规则库有良好的模块性，也有良好的可读性和扩展性；③有良好的解释功能（系统能够向用户展示推理过程）等。相反该系统也有其缺点，如：①知识的一致性较低；②规则间的相互作用不明确；③推理不灵活且效率低下等。

20 世纪 80 年代以来，PS 作为专家系统的核心架构广泛普及，而作为专家系统开发支持工具，OPS5、OPS83 等 PS 库系统逐渐商业化。

4.5.2 语义网

语义网（semantic net）是由奎林（Quillian）[4] 从人类联想能力等心理学角度提出的。语义网的知识表示是由表示对象和概念的节点及表示它们之间关系的定向链接组成的图表结构表达出来的。

以下是具有代表性的一个链接，对此我们简单举例来说明。要表示“麻雀是鸟”这个知识，那么首先“麻雀”“鸟”这两个概念就成为两个节点。接下来我们需要描述麻雀和鸟之间的关系，因为麻雀属于鸟类的一种，所以我们从“麻雀”的支点向“鸟”的支点展开一个类似于 IS-A 或者 AKO 链。IS-A 表示的是包含关系（麻雀包含在鸟类中），在这个意义上我们还可将它称为上位与下位关系或者是抽象与具体关系。这种表示法来源于英语中的“Sparrow IS A Bird”、“ Sparrow is A Kind Of Birds”。

接下来，我们看一下增加了“鸟有羽毛”这个知识点后的情况，这与上述例子不同，节点“鸟”“羽毛”之间的关系为羽毛是鸟的一部分，所以它们的关系变为部分与整体关系。这种情况下，需要展开 HAS-A（Bird HAS A feather）或者是 PART-OF（Feather is a PART OF a bird）链。只不过，HAS-A 链的链接是由“鸟”节点向“羽毛”节点展开的，而 PART-OF 链的链接则与 HAS-A 相反。

语义网中的其他链接还有颜色、数字、动作、状态等类型。只要表示的是概念间或对象间的关系，任何事物都能成为链接。通过遍历链接就可实现概念相互间的联想。

“鸟有翅膀”“鸟会飞”

“鸟有两只脚”“乌鸦是鸟”

“乌鸦是黑色的”“麻雀是鸟”

“Tweety 有红色的喙”“ Tweety 的孩子是 Sweety”

“Tweety 和 Sweety 是鸟”“ Veety 是乌鸦”

我们将上述知识的集合通过语义网来表示，其结果如图 4.3 所示。

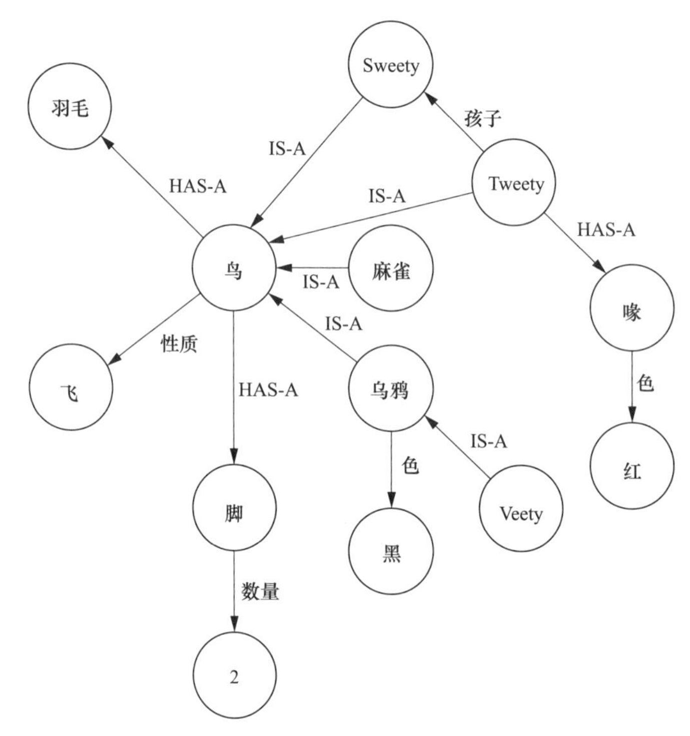

图 4.3 语义网

语义网的推理构成了表示问题的部分图表，其推理通过语义网和匹配操作来进行。例如，对于“有红色喙的鸟是什么鸟？”这个问题，因为通过图表匹配能直接发现符合问题的答案，所以推断出“Tweety”这个结论。但是，若问“Veety会飞吗？”，我们虽然无法直接进行匹配，但考虑到IS-A链的传递性，通过遍历“Veety→乌鸦→鸟”这一链接，最终会得出“会飞”这一结论。我们将这种性质称为属性继承（inheritance）。

最后总结一下语义网的特征，首先，优点有：①表示简单，可读性强；②在一定程度上能进行联想；③属性可以继承。另一方面，其缺点有：①必须单独制定推理程序（翻译器）；②无法保证推理的妥当性；③伴随着大规模化的出现，其处理效率低下等。

4.5.3 框架系统

明斯基[5]于1975年在一篇名为*A Framework for Representing Knowledge*的论文中提出了框架理论（frame theory）。框架理论的概念简述如下：人类遇到新情况时，就会从记忆中选取一个叫作“框架”的基本结构。这是一个固定的框架，各个框架中又会包含各种信息。当我们想更详细地了解其中的一个信息时，就会选取能表现其内容的其他的框架。因此，我们可以认定一个框架是由多个节点和关系组成的网络。

明斯基的提案仅作为一种认知心理学模型，而不是一种知识表示法。由戈尔斯坦（Goldstein）[6]等人开发的框架表示语言（Frame Representation Language，FRL）就是将框架作为知识表示系统并使之具体化的产物。大多数的框架系统都是以 FRL 为基础的，它将对象和概念的集合作为框架，通过表示相互关联的框架之间的链接来进行接续，并分层进行结构化。

框架系统的语法规则如下所示：

框架 ::= 框架名　框架类型　槽 $^+$

（+ 表示出现次数一次以上）

框架类型 ::= '实例' | '分类'

槽 ::= 槽名　侧面 $^+$

侧面 ::= 侧面名　值 | 幽灵　进程名

侧面名 ::= 'value' | 'default'

守护进程 ::= 'If-Added' | 'If-Needed' | 'If-Removed'

值 ::= 数字 | 字符串

框架名 | 槽名 | 进程名 ::= 字符串

框架的基本结构由框架名称、框架类型和槽组成。框架名称相当于对象和概念，等同于语义网络中的节点。当框架表达的是概念时，框架类型相当于框架的分类，当框架表示的是对象时，框架类型相当于框架的实例。槽由槽名和侧面构成，槽名表示的是对象的属性名或与其他对象的关系名。而侧面中有关这些数值的种种信息更是需要通过侧面名和侧面值来描述。侧面名记述与之对应的侧面值的作用。假设现在槽名是属性名，并且侧面名为“value”，则侧面值描述的是属性值。此外，侧面名为“default”时，那么 default 值就是属性值。若槽名是关系名，则相关的其他框架名就是其数值。

框架系统的特征之一是一个被称为幽灵（demon）的进程可以在框架内部进行描述。幽灵是一种只有某一条件得到满足时才会激发的程序。具体来说就是指：当侧面名中存在 If-Needed, If-Added, If-Removed 等过程时，若我们需要参照、添加、删除侧面值，则作为侧面值来表述的程序名“幽灵”进程就会被激发。此种方法能够将陈述性知识与程序性知识融为一体，这也被认为是框架系统的最大特征。我们将在图 4.4 中对框架进行举例说明。

鸟	分类	
IS-A	value	动物
Has-A	default	羽毛
	default	脚
脚的数量	default	2
体重	If-Needed	calc-weight

乌鸦	分类	
IS-A	value	鸟
体色	default	黑色

Tweety	实例	
IS-A	value	鸟
Has-A	value	喙
喙的颜色	value	红色
孩子	value	Sweety
生日	value	1990.1.1
	If-Added	calc-age

图 4.4　框架

通过图4.4的知识库进行推理过程中，我们思考下列问题：

□ 对于“乌鸦有几只脚？”这一问题，由于“乌鸦”框架中没有相应描述，所以我们搜索其上位的框架（通过IS-A链关联在一起）即“鸟”框架中的描述，其中有关于“几只脚”的描述，且值为default，因此可得知答案是“2”。同语义网情况一样，我们将此操作称为属性继承。

□ 当我们在“Tweety”框架中添加“生日”槽的侧面值时，计算年龄的calc-age系统就会被激发。

□ 假设输入问题“Tweety的体重是多少？”，则上位概念“鸟”框架中“体重”槽的幽灵进程calc-weight程序就会求解体重。例如，可以考虑如何从体长计算出体重等类似处理方法。

因为框架系统推理中不存在定量，所以必须为每个系统设计出专门的推理机制，即框架翻译器。此翻译器的核心作用是管理属性继承、激发幽灵进程以及消息传递。框架系统与数据库及软件工程学领域中的面向对象思想极其类似。

框架系统的优点有：①能将知识结构化；②通过附加进程能实现灵活推理；③可分层表示和属性继承等。其缺点有：①不容易创建翻译器；②无法保证推理的妥当性；③难以实现知识间的统一性等。

4.5.4 逻辑

形式逻辑（formal logic）是知识表示中最有效的手段，也是最常用的。本节将简单介绍一阶谓词逻辑，然后下一节会涉及逻辑编程。有关AI语境中形式逻辑的研究书籍[7],[8]有很多，感兴趣的读者可以自行查阅。

首先，一阶谓词语言由以下要素构成：

变量：x,y,z,…

常量：A,B,C,…

函数符号：f,g,…

谓词符号：P,Q,…

运算符：¬（否定），∧（合取），∨（析取），→（蕴含），∀（全称限定），∃（存在限定）

遵从一定的语法从这些要素中生成的描述就是逻辑表达式。另一方面，语义则是通过下列映射赋予逻辑表达式真值的事物（称为解释）。如果将目标世界的定义域设为D，则n参数函数为$D^n \rightarrow D$的映射，那么同样n参数谓词就是$D^n \rightarrow$ {真（T），假（F）}的映射。此外，我们在表4.1中也定义了包含运算符的逻辑表达式的真值。

大多数的自然语言和数学语言都可以用一阶谓词来表述。表4.2集中了目前为止所有举例中涉及的语句以一阶语言书写后的形态。毋庸置疑，使用逻辑的知识表示是通过逻辑表达式来完成的。

表 4.1　真值表

P	Q	$\neg$ P	P ∧ Q	P ∨ Q	P → Q
T	T	F	T	T	T
T	F	F	F	T	F
F	T	T	F	T	T
F	F	T	F	F	T

表 4.2　自然语言句子与谓语逻辑表达算式

自然语言句子	谓语逻辑表达算式
“鸟有羽毛”	$\forall$ x Bird(x) → Has-Feather(x)
“鸟会飞”	$\forall$ x Bird(x) → Fly(x)
“鸟有两只脚”	$\forall$ x Bird(x) → No-of-leg(x, 2)
“乌鸦是鸟”	$\forall$ x Raven(x) → Bird(x)
“乌鸦是黑色的”	$\forall$ x Raven(x) → Black(x)
“Tweety 有红色的喙”	Beak(Tweety,Red)
“Tweety 的孩子叫 Sweety”	Child(Tweety, Sweety)
“Veety 是乌鸦”	Raven(Veety)
“受伤的鸟不能飞”	$\forall$ x Bird(x) ∧ Injured(x) → $\neg$ Fly(x)
“有人爱着某人”	$\forall$ x $\exists$ y Loves(x, y)
“谁都爱着某个（特定的）人”	$\exists$ y $\forall$ x Loves(x, y)

一阶谓词逻辑的推理规则基本上采取的是 Modus Ponens（分离规则）的形式，即

从 P 且 P → Q，从而推理出 Q 的形式

这实际上相当于演绎推理。因此从

“乌鸦是黑色的”：$\forall$x Raven(x) → Black(x)

“Veety 是乌鸦”：Raven(Veety)

我们能够演绎性地推理出“Veety 是黑色的”：Black(Veety)。

那么，使用由逻辑来表示知识的知识系统是怎样的呢？我们来看下列所示概要：

1. 将问题解决目标领域的相关信息以一阶逻辑表达式的有限集合（后文简写为 K）来表示。

2. 解决问题时，应检查方程 p（用于回答问题或采取适当行动）能否通过方程组 K 运用推理规则 Modus Ponens 推导出来（记为 K ⊢ p）。

这里应注意的一点是：p 是由 K 推导出来的（即 K ⊢ p），这就等同于说明 p 是 K 的逻辑结果（logical consequence），方程 p 是 K 的逻辑结果意味着，若 K 中所有的逻辑表达式是真的，则 p 也是真的。

K 和 p 分别被称为公理和定理，而对 K ⊢ p 进行检查的步骤叫作定理证明（theorem proving）。定理证明是贯穿 AI 研究始终的主题之一。实际上并不是直接检查 K ⊢ p，考虑到推理效率因素，它是利用反证法（背理法）来检查是否 K ∪ {$\neg$ p} ⊢ □（矛盾）的。

计算机在进行定理证明时，通常使用的就是以导出原理（resolution principle）为基础的反证法。

下面总结一下逻辑知识表示的特征，首先，其优点有：①不需要区分知识表示与推理策略；②具有健全性（不会推导出错误的逻辑公式）和完整性（一定能推导出正确的逻辑公式）；③理论性完整等。另一方面，其缺点有：①推导所需的工作量较大；②分层表达较困难等。

4.5.5 逻辑编程

前一节论述的定理证明被认为是一种解决问题的模式，所以若我们将逻辑公式合集K看成是一个程序，就会产生新的编程范式。基于此思想的编程就叫作逻辑编程（logic programming）[9]，源于欧洲的PROLOG语言便是其代表性语言之一。此外，逻辑编程在日本第5代计算机研究项目中占据了重要地位。

因为PROLOG是以一阶谓词逻辑的真子集为基础，所以在逻辑表达式中它极大继承了知识表示的优点，尤其是实现了陈述性表示这一点，就与其他程序型编程语言（如C语言等）有极大区别。例如，即使编写排序程序，也只需要定义数据间（如列表等）的关系，之后可以通过类似于推理机制的搜索步骤来求解，无须像程序型编程那样详细记述所有步骤。从此意义上来讲，我们可以认为PROLOG就是记述“是什么（what）”的程序，它在表述AI领域的诸多问题时，也具有良好的亲和性。

另外，PROLOG语言将逻辑式的形式限定为霍恩子句（Horn clause）。顺带说一下，一阶谓词逻辑中的子句（也称为一般子句）指的是肯定文字（原子）或否定文字（原子否定）的析取。霍恩子句是肯定文字最多只出现一次的子句。虽然与一阶谓词逻辑相比，其表达能力略低，但其效率却得以大幅提升。PROLOG中以下所示的事实、规则、问题分别用单位子句、明确子句、目标子句三种字句形式来表示的。

1. 事实（fact）——单位子句（unit clause）

［表述形式］原子

［例］Raven(Veety).　　　　Veety是乌鸦。

Likes(Jim,Betty).　　　　Jim喜欢Betty。

2. 规则（rule）——明确子句（definite clause）

［表述形式］原子：- 原子1, …, 原子 n.

$A:-B_1,B_2,\cdots,B_n$.　　　　若所有的条件 B_i（body）为真，则A（head）也为真。

［例］Black(x):-Raven(x).　　　　乌鸦是黑色的。

Mother(x,y):-Parent(x,y),Female(x).　　　　x是y的父母，x是女性时，x是y的母亲。

3. 问题（query）——目标子句（goal clause）

［表述形式］：- 原子1,…, 原子 n.

: -$B_1,B_2,\cdots,B_n$.　　　　目标 $B_1,B_2,\cdots,B_n$ 为真吗？

［例］: -Black(Veety).　　　　Veety 是黑色的吗?

: -Father(x,Jim).　　　　谁（x）是 Jim 的父亲?

显然，霍恩子句指的是 head 原子数 =0 或 1，body 原子数 =0 或 1 以上的子句。但是，当 body 和 head 同时为 0 时，则为空子句□（empty clause）。霍恩子句的程序性意义和陈述性意义见表 4.3。前者指的是将子句解释为唤醒程序过程时的意义，后者则是将其解释为逻辑式时的意义。

表 4.3　程序性意义和陈述性意义

霍恩子句的形式		程序性意义	陈述性意义
事实	A.	程序 A 的定义	A 为真
规则	A:$B_1,B_2,\cdots,B_n$.	为运行程序 A，依次唤醒其他程序 $B_1,B_2,\cdots,B_n$	若 $B_1,B_2,\cdots,B_n$ 则 A
问题	:-$B_1,B_2,\cdots,B_n$.	计算开始	否定 $B_1,B_2,\cdots,B_n$
空子句	□	计算结束	矛盾

PROLOG 的计算是反证法。具体来说，就是通过构成目标子句主体的原子与单位子句或者是明确子句的头部之间的合一化（unification）处理来实行 SLD 的导出。合一化是指将 2 个谓词的赋值一致化的操作。此外，若不存在能够合一化的子句，则会退回到前一个目标，尝试执行与别的子句的合一化处理。

如图 4.5 所示，通过 K = {Black(x) :- Raven(x)., Raven(Veety).} 可以推导出 p = Black(Veety)。根据问题: -Black(Veety). 开始进行计算，并实施合一化（Black(x/Veety)[⊖] 和 Raven(Veety)）之后，导出了空子句。由此，证明了 p 是 K 的定理。

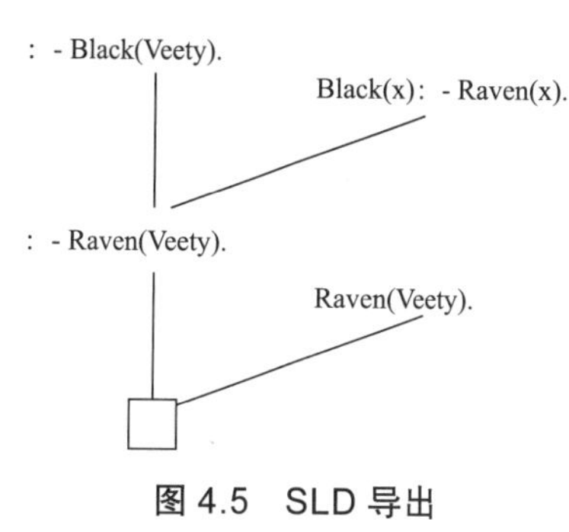

图 4.5　SLD 导出

4.6　本体论

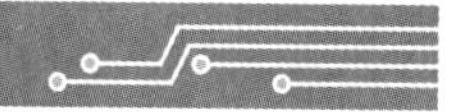

4.6.1　本体论的定义及构成要素

本体论（ontology）原本是哲学术语，指的是存在论，即存在物质的体系性理论。在 AI 领域，人们也尝试从哲学思维出发，力图去表述与存在物质相关的共通的概念、性质，这种本体论研究始于 20 世纪 90 年代末到 2000 年初。当时，知识库系统的知识表示极易

⊖ 表示将定量 Veety 代入变量 x 中的意思。——原书注

演变为一种临时性的表述，所以即使表述的是同一种概念，但若系统不同，作为表述源的词汇也可能不同。因此当时的技术条件很难实现知识库的共享与再利用。也是在那个时候，人们开始讨论并尝试通过分布式 AI（如智能体系统等）来顺利实现知识的交换与共享，并逐渐认识到本体论的重要性，即统一知识表示中的表述词汇，进而明确存在于该背景下的概念体系。

格鲁伯（Gruber）提出的“概念模型的明确的规范说明（explicit specification of conceptualization）”是第一个关于本体论的定义[10]。概念模型是指用于表述目标世界里存在的实体及实体之间关系的语句。此外，沟口[11]给出的定义是：“知识表示的主体凭借自身视角去认识目标世界，即它清楚地表明了目标世界里存在的物质并将其模型化，然后以所得的基本概念及概念间的关系为基础去表述该模型的概念体系”。

图 4.6 所示的是以本体论为基础的知识库系统（知识处理系统）。知识表示的主体（执行知识描述的人）凭借本体论中的概念、词汇和关系去表达关于目标世界的知识和模型。使用本体论的知识表示通过统一词汇、数据结构、知识・模型的记述约束（称为元知识 / 元模型）、概念间关系的记述约束等，来确保知识库中的一致性和再利用性、不同知识库间的共享和相互操作性。因为它相当于对被表达的知识的意思进行规定，所以有助于人 - 机（AI 系统）、机 - 机、以及人 - 人之间的意思共享，更有助于对于不同知识间的转换和整合。

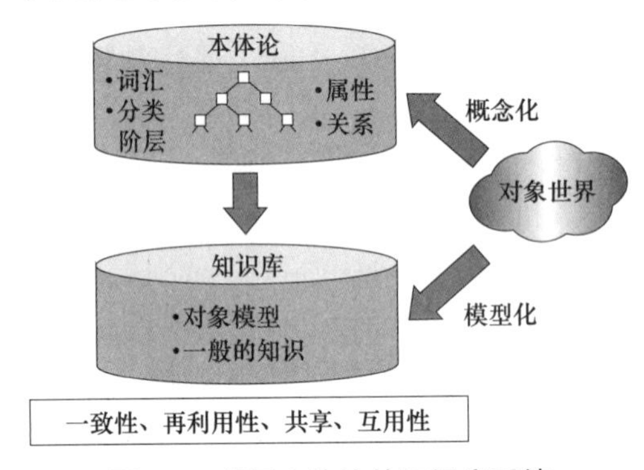

图 4.6　基于本体论的知识库系统

本体论以多个概念类以及多个概念类间的关系为中心构成，并对构成要素的意思加以明确化且体系化记述。记述中使用的关系有上位与下位关系（IS-A），部分与整体关系（HAS-A）、属性关系、公理等。基于上位与下位关系的概念类的阶层称为分类阶层（taxonomy），通过树结构来表示。

接下来，我们回忆一下 4.5.2 节中介绍过的语义网。语义网是以概念的种类和实例为节点，以关系链接后形成的图表结构来表达的知识表示。在表达形式方面，与本体论构成要素的记述高度类似，看起来很适合本体论的记述。但是，本体论是与语义网、谓词逻辑等表达形式无关的结构，所以它无论使用哪一种表达方式都没有问题。值得注意的是，本体论是一种重视对知识“内容”“作用”加以记述的语义结构[12]。

4.6.2　本体论的分类

本节我们将对各个观点下的本体论进行分类并对其特征加以描述。

领域本体论：指针对问题解决的目标世界即领域的本体论，可以说是本体论中最具实践性和实用性的部分，例如医疗领域中的本体论就是典型的例子。

任务本体论：指用于解决独立于各个领域之外的问题的本体论。人在解决智能问题时，会有“诊断”“计划”“设计”等步骤，这些步骤就相当于任务（task）。简而言之，机器诊断、医疗诊断、企业诊断等就属于这类本体论的典型例子。这些“诊断”都是独立于“机器”“医疗”“企业”等领域之外的。

顶层本体论：指分层描述目标世界时处于顶层（upper-level）的本体论，用于描述“物质（物体）”“事情（事件）”“时间”“空间”“状态”等基本概念。例如，“诊断”任务的顶层本体论对描述症状获取、假设生成、假设验证的词汇进行定义，比之低一级的“医疗诊断”任务的本体论则对用于描述问诊、检查、生成病名假设、验证病名假设的词汇进行定义。具体案例有 DOLCE（Descriptive Ontology for Linguistic and Cognitive Engineering，语言学和认知工程的描述本体）和 YAMATO（Yet Another More Advanced Top-level Ontology，更高级别的顶层本体论）等。

语言本体论：是一种基于日常使用的语言表达，对各词汇（单词）意思进行记叙性定义的本体论。当表示概念的单词与其他单词组合相关联时，这种概念称为词汇概念（lexical concept）。此外，具有相同含义的单词组合称为同义词词典/同义词库（thesaurus）。在自然语言处理中经常使用的 Word Net 就是一个典型的例子，也被称为词汇本体论。另一方面，知识处理系统中的本体论是非语言的本体论，从其概念的名称仅仅是一个标签这一点也可看出其与语言本体论的不同。

4.7　语义网和关联开放数据

下面我们对作为本体论应用的语义网（Semantic Web）和关联开放数据（Linked Open Data, LOD）进行论述。

首先，让我们考虑 HTML（Hyper-Text Markup Language，超文本标记语言），它是 Web 文档的记述代码。HTML 是用于在浏览器中显示 Web 文档的标记集合，并且人类必须理解所显示文档的含义。换言之，HTML 不能规定文档中的字符串或单词的含义，而语义网的发展则实现了机器（计算机）对 Web 文档含义的理解。语义网是由万维网（WWW）的发明者蒂姆·伯纳斯·李（T. Berners·Lee）提出的。网络空间是日渐扩大的巨大信息资源，不断向其添加进语义信息就会形成一个大规模的知识源。语义网中，本体论在描述、存储、使用和共享知识方面起着重要作用，并且使得通过机器进行语义搜索、分析和挖掘成为可能。

通过用 Web 文档信息（文本数据等）标记用于语义处理的元数据来实现语义网。RDF

（Resource Description Framework，资源描述框架）提供了语义描述的框架。RDF中，其记述形式为

<主语（subject），谓语（predicate），宾语（object）>

或者

<资源，属性，属性值>

被称为RDF三元组（triple）。例如，若要用RDF来表示“马场口是《人工智能基础》的作者”这句话，则应记述为<马场口，作者，《人工智能基础》>。

本体论确定了RDF中规定的主语（资源）和谓语（属性）的词汇。能实现该目的的语言包括RDFS和OWL（Web Ontology Language，网络本体语言）。

关联开放数据（LOD）与语义网相关，且近年来备受瞩目。LOD拥有两方面的数据，一是关联数据（Linked Data），它是用于数据的共享与提供数据间相互联系的数据，一是开放数据（Open Data），它是可以自由使用、再利用、并且再分配的数据。关联数据与语义网有相同的思维方式，而开放数据则是随着政府、自治体公共数据的开放化（开放式政府策略）而不断发展壮大起来的。我们可以将LOD视为大规模化后的RDF三元组，随着大数据解析和网络搜索技术的发展，LOD未来的发展将备受瞩目。有关本体论和语义网的详细信息，请参阅参考文献[11]和[12]。

习题

1. 列出影响生产系统中推理效率的因素，并说明原因。
2. 列出将语义网转换为框架表示或一阶谓词逻辑表达式的过程。
3. 使用多个框架来表示跟自己相关的知识（部分）。
4. 框架表示中存在多个顶层框架的情况叫作多重继承（multiple inheritance）。试考虑该种情况下会产生什么样的问题。
5. 请说明一阶谓词逻辑上的演绎推理是单向的。
6. 请说明PROLOG中以霍恩子句为对象导出SLD比以一般子句为对象导出（例如线性推导）的效率好的理由。
7. 请描述本体论的实用性。

参考文献

[1] 溝口 理一郎，“エキスパートシステムI入門”，朝倉書店，1993.

[2] T. Mitchell, “Machine Learning”, McGraw-Hill, 1997.

[3] A. Newell, “Production Systems: Model of Control Structure”, in W. Chase ed., *Visual Information Processing*, Academic Press, 1973.

[4] M.R. Quillian, “Semantic Memory”, in M.Minsky ed., *Semantic Information Processing*, MIT Press, 1968.

[5] M.Minsky, "A Framework for Representing Knowledge", in P.H.Winston ed., *The Psychology of Computer Vision*, McGraw-Hill, 1975.

[6] R.B. Roberts and I.P. Goldstein, "The FRL Primer", MIT AI Memo, 1977.

[7] C.L.Chang and R.C.T. Lee, "Symbolic Logic and Mechanical Theorem Proving", Academic Press, 1973. 長尾，辻井訳，「コンピュータによる定理の証明」，日本コンピュータ協会，1983.

[8] 長尾 真，淵 一博，"論理と意味"，岩波書店，1983.

[9] J.W.Lloyd, "Foundations of Logic Programming (2nd, Extended Edition)", Springer-Verlag, 1987.

[10] T. R. Gruber, "A translation approach to portable ontologies," Knowledge Acquisition, Vol.5, No.2, pp.199-220, 1993.

[11] 溝口理一郎，"オントロジー工学"，オーム社，2005.

[12] 來村徳信，"オントロジーの普及と応用"，オーム社，2012.

第 5 章
规　划

人工智能或机器人技术中的规划（planning）指的是“为达到智能体所赋予的目标而自动生成一系列必要行为（action）的功能”。因此，规划中不仅仅只有推理或搜索，还必须去考虑由推理结果所得的一系列行为规划在现实世界的执行情况。

在本节，我们首先对以 STRIPS 为代表的基本规划进行论述，然后将讨论使用规划搜索空间而不是使用由世界状态组成的搜索空间而实施的偏序规划，最后讨论的是旨在达成现实世界规划的反应式规划。

5.1 STRIPS 规划

在人工智能的规划中，环境（environment）——即智能体所执行行为的对象——是使用环境模型（environment model）来记述的，环境模型是计算机上的符号表达。事实上，对环境进行观测的智能体是通过环境模型来记述环境信息的，如图 5.1 所示。在本章中，我们把通过环境模型记述的环境状态简称为状态（state）。另外，一阶谓词逻辑大多采用环境模型。本章中所描述的规划结构是以 1970 年在斯坦福大学开发出的规划器 STRIPS[5] 为基础的，所以本书将其称为 STRIPS 规划。

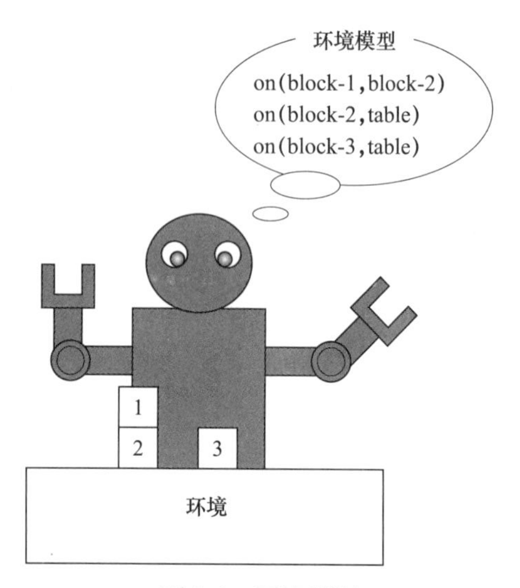

图 5.1　环境模型

以下对 STRIPS 规划的输入、输出和程序进行概述。

□ 输入

— 运算符（operator）：转换环境模型的规则，它记述了对环境施加的行为。

— 初始状态（initial state）：现在状态的环境模型。

— 目标状态（goal state）：目标状态的环境模型。

□ 输出

— 规划（plan）：可以将初始状态转换为目标状态的一系列操作。

□ 程序

— 去搜索能够将给定的初始状态转换为目标状态的规划。

在上述框架中，如果获得了规划，那么之后如果根据它对环境执行动作，则可以在环境中实现目标。此外，在规划中，目标被描述为环境模型的状态。

规划的自动生成可以被视为是在搜索空间中进行的搜索，该搜索空间以状态作为节点，并且以表示状态间迁移情况的弧形作为应用运算符。其搜索空间如图 5.2 所示。该搜索空间因为是以状态为节点的，所以被称为状态搜索空间。

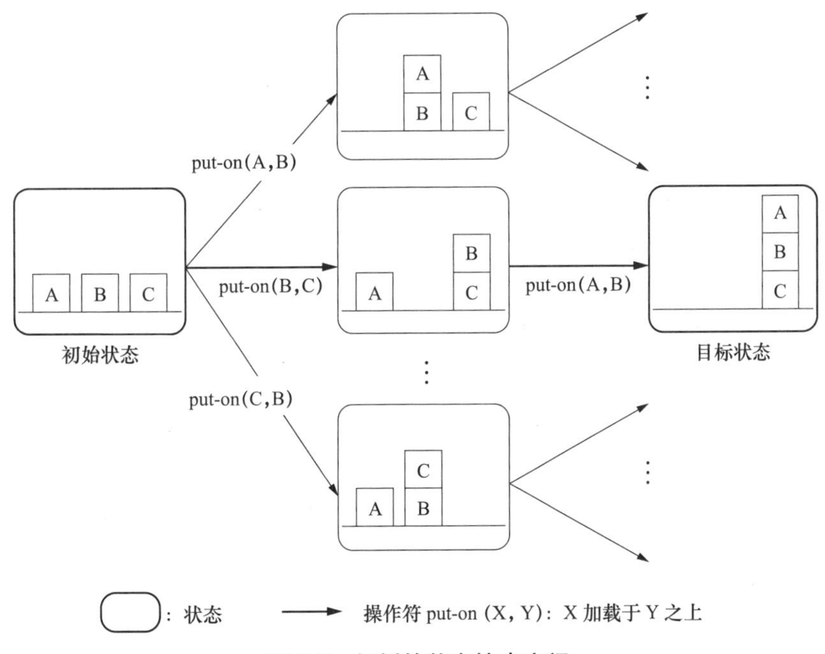

图 5.2 规划的状态搜索空间

除此之外，还有通过改变规划以获得偏序规划的规划。其搜索空间为规划搜索空间，它以节点为规划，以弧作为修正规划的操作符。关于这类规划，将在 5.2 节“偏序规划”中进行详细叙述。

作为具体规划的实例，我们将介绍于 1970 年在斯坦福大学开发的 STRIPS[5]。STRIPS 是科学家为了对移动机器人的行为进行规划而设计出的一个程序，其目的是实现移动机器人在各房间之间的移动等，并且之后作为 AI 规划的基本框架被广泛研究至今。STRIPS 的处理环境及其环境模型的示例如图 5.3 所示。由于规划归根结底只是计算机上的符号操作，因此必须将这种真实环境作为环境模型合并到计算机中，而 STRIPS 又是通过使用谓词逻辑来描述环境模型的。

环境模型的每个谓词的含义如下所示。其中，大写参数表示变量，小写参数表示值。

inroom(A, R)：物体 A 在房间 R 中。

type(A, B)：A 的类型是 B。

connect(R1, R2, D)：两个房间 R1 和 R2 之间通过门 D 相连接。此外，图 5.3 中的 connect(X, Y, Z) → connect(Y, X, Z) 是指可以将第 1 参数和第 2 参数代入替换的意思。

status(D, S)：门 D 的状态为 S。将 open，closed 等作为 S 的值。

nextto(A, B)：物体 A 在物体 B 的附近。

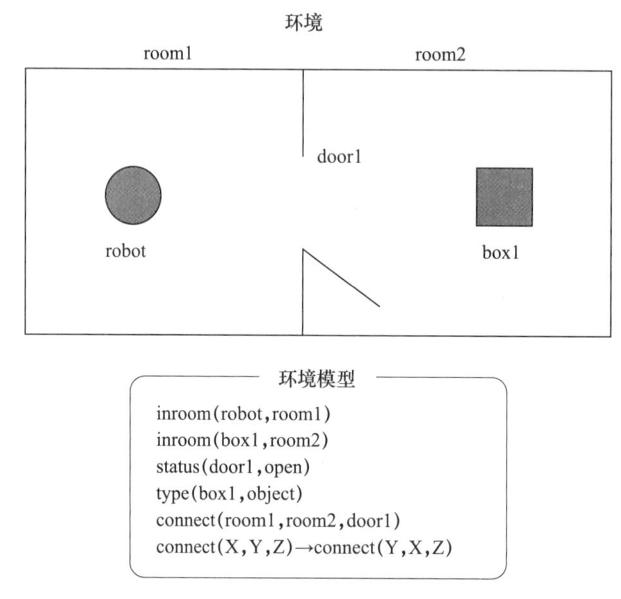

图 5.3　STRIPS 的环境与环境模型

那么，请思考图 5.3 的草图所表示的实际房间中存在多少信息量。本来即使是在如图所示的简单房间中，也会存在庞大的信息量，例如房间内的物体有机器人、箱子、墙壁和门，每个物体还有着各自的形状、重量、颜色、大小、位置、材料等。就现实世界中行动的智能体而言，智能体必须通过传感器从输入的如此大量信息中挑选出所需信息。这类问题被称为框架问题（frame problem）[7][11]，并且通常难以解决。此外，框架问题与现实世界相互作用，是需要进行环境建模的系统所无法避免的问题。

事实上，人类也会为这类框架问题所困扰。因为我们拥有环境相关知识，所以在来自外界的诸多信息中，知道该注意哪一部分才能做出正确判断，但是若我们处于没有相关知识的环境中时，就会产生框架问题。比如我们考虑人与狗接触这样一个场景，此时，若狗的心情不好的话，那么我们稍不注意就会被咬。因此我们一定想通过对狗这一外界信息的获取去推理出狗心情的好坏。我们都知道若狗摇尾巴的话则证明它心情好，但若是对于没有该知识的人来说，那他就不知道要通过狗的哪一方面才能判断狗的心情。这就会陷入一种框架问题中。

关于规划，从图 5.3 中的环境模型可以清楚地看出，设计者从一开始就舍弃了大量与移动机器人的目的无关的信息。这样，就目前而言，不仅仅是人工智能，在所有人工系统的设计中，人类设计者都会花费大量精力去思考研究对该系统来说所必需的信息量，并将其提供给系统。

接下来，在 STRIPS 中使用的运算符之一 gotod（DX）如图 5.4 所示。该运算符描述了“在房间 RX 中去接近门 DX”这样的一个行为。图中，该含义写在谓词的右侧。一个运算符由条件列表，删除列表以及附加列表三个列表组成，每个列表的要素是描述环境模型的谓词。

运算符 gotod(DX)

□条件列表

– inroom (robot,RX)：机器人进入房间 RX

– connect (DX,RX,RY)：通过门 DX 连接房间 RX 和房间 RY

□删除列表

– nextto(robot, A)：机器人靠近物体 A

□追加列表

– nextto(robot,DX)：机器人靠近门 DX

图 5.4　STRIPS 的运算符 [5]

规划者通过将运算符应用于环境模型来更新环境模型的状态。STRIPS 中运算符的应用方法如下，这与 4.5.1 节中介绍的生产系统的规则应用类似。

□ 检查条件列表中的所有谓词在环境模型中是否都成立。

— 如果成立的话，删除环境模型中与删除列表中谓词相匹配的谓词，再将附加列表中的所有谓词添加进环境模型中。另外，即使该谓词此时还存在于别的列表中，也要将相同值代入相同名字的变量。

— 若不成立的话，则什么也不用做。

例如，试着将图 5.4 中的运算符 gotod 应用于图 5.3 中，因为 gotod 的条件列表中的所有谓词在图 5.3 的环境模型中皆成立，所以可以使用 gotod。此时，分别将 room1、room2、door1 代入变量 RX、RY、DX 中。接下来，我们删除环境模型中与删除列表中的谓词 nextto(robot, A) 相匹配的谓词，但是因为图 5.3 的环境模型中没有相匹配的谓词，所以此处并没有删除任何内容。然后，将附加列表中的 nextto(robot, door1) 添加进环境模型中，其结果如图 5.5 所示，我们发现环境模型及其对应的环境发生了变化。这种情况下，环境模型只要将 nextto(robot, door1) 添加进图 5.3 中即可。

值得注意的一点是，在规划阶段，因为该行为并未在真实环境中发生，所以这里发生变化的是环境模型而非真实环境。因此，最终获取的规划由执行器执行后，真实环境才开始发生变化。另外，检验条件列表中的谓词是否在环境模型中成立是可以由计算机通过导出法（resolution）[9] 即定理证明的算法来自动完成的。通过该导出法实现了自动定理证明，这也为旨在通过谓词进行环境描述的 STRIPS 研究提供了契机。

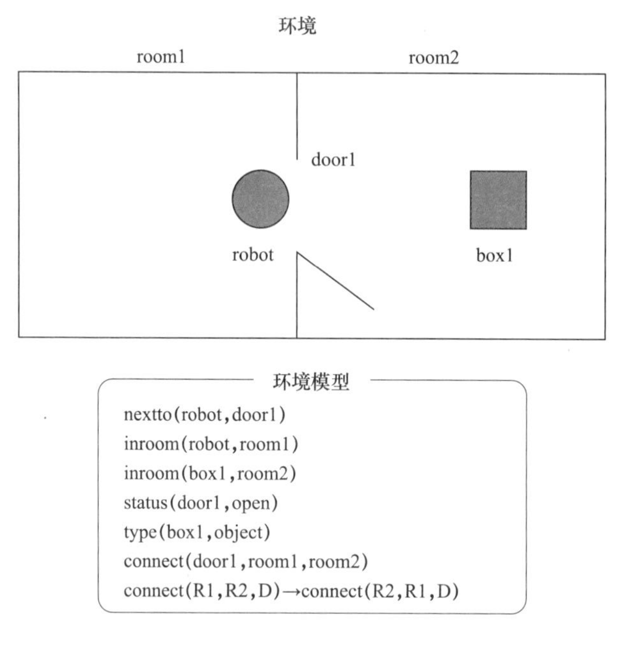

图 5.5　应用 gotod 的结果

STRIPS 的核心理念是在通用问题解决（GPS）[8][9] 系统中使用的手段 - 目的分析（means-ends analysis）。我们已经在 2.3.3 节中提到，手段 - 目的分析应首先提取初始状态与目标状态之间的差异（difference），然后选取能减少该差异的运算符，接着将匹配该运算符即满足该运算符的匹配条件㊀作为下一个子目标（sub-goal），并重复差异检测和运算符选择。最终结果是当差异消除时，从初始状态到目标状态就会生成一系列运算符，即规划。这是由于执行了反向推理（参照 2.3.1 节）的搜索方式㊁。但是，众所周知 STRIPS 的程序并不完整。规划的完备性（completeness）是指只要规划存在于搜索空间就一定能够找到。此外，可靠性（soundness）是指通过规划者执行生成的规划，一定能够满足目标状态的性质。

我们将上述图 5.3 的状况设为初始状态，将图 5.6 所示的状况设为目标状态，以此为例进行说明。从图 5.6 可以看出，目标状态与初始状态是由同一个环境模型得到的。此时目

㊀ 在 STRIPS 中，与条件列表相对应。——原书注。

㊁ 严格来说，STRIPS 中包含着当可与初始状态相匹配的运算符出现在规划中时，去进行匹配并对状态进行更新的程序。此程序中也包含着正向推理的要素。——原书注。

标状态与初始状态的差异是 nextto(robot, box1)，因为它是初始状态中未成立的目标状态的谓词。STRIPS 则会对能减少该差异的运算符即搜索附加列表中包含 nextto(robot, box1) 的运算符进行搜索。然后再以该运算符的条件列表为子目标，检测与初始状态的差异，进而选择能消除该差异的运算符，并不断重复上述操作，当差异消除时，规划即告完成。在此对运算符不再做详细记述，针对该问题最终可得到图 5.7 所示规划。

环境模型

nextto(robot,box1) ：目标状态
inroom(robot,room2)
inroom(box1,room2)
status(door1,open)
type(box1,object)
connect(room1,room2,door1)
connect(R1,R2,D)→connect(R2,R1,D)

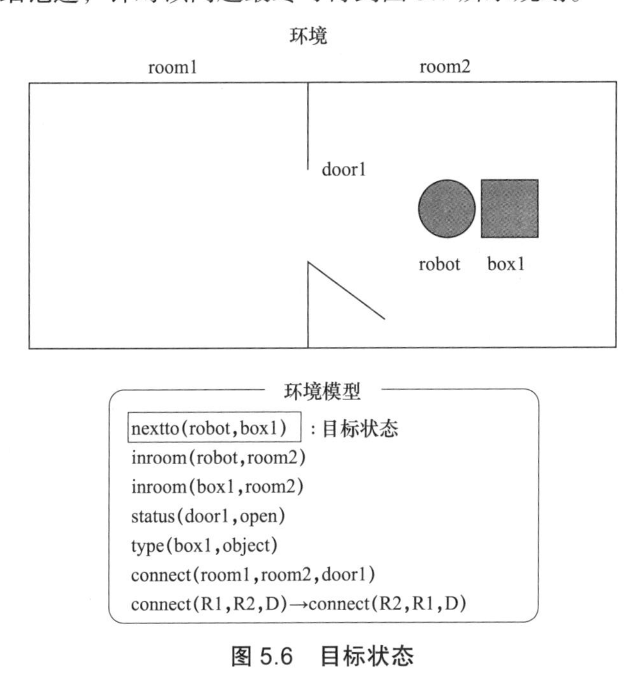

图 5.6　目标状态

1.gotod(door1)：机器人靠近门 door1

2.gothrudr (door1,room2)：机器人通过门 door1，进入 room2

3.gotob(box1)：机器人靠近物体 box 1

图 5.7　得到的规划

规划不会频繁观测环境，因此，规划最终可被归结为智能体内部问题空间中的搜索问题，即在将一次观测到的状态作为初始状态的情况下，如何应用给定的运算符才能达到目标状态之类的问题。然而，规划的搜索需要非常大的计算量，由此可以看出规划不是一个简单的问题。

例如，假设有 b 个[㊀]可与任何状态相匹配的候选运算符。此时，从初始状态正向应用所有可匹配的运算符并扩展状态，则树深度为 d 时的状态数 $s(d)$ 为 $s(d)=b^d$，它是深度 d

㊀ 这在搜索树中称为分支因子（branching factor）。——原书注。

的指数阶。例如，若 $b=8, d=10$[一]，则状态数 $s(d)=8^{10}$ = 约10亿。由此我们就能够理解，即使使用计算机，要网罗性地搜索这个广泛的搜索空间也需要很多时间。

5.2 偏序规划

STRIPS 规划中的规划是一系列的运算符，构成规划的运算符之间存在全序关系（total order）。但是，这种规划表示未必是好的。例如，在如图5.8a所示的问题的情况下，运算符 put-on（b，a）和 put-on（c，d）互不干扰，因此在规划生成时不需要确定他们的顺序[二]。因此，图5.8a中的规划不是STRIPS规划所要求的全序规划（见图5.8b），而是用如图5.8c所示的带有偏序关系的图表来表示，作为描述方法，这种表示方式更为简洁。这种规划叫作偏序规划（partial order plan），求解偏序规划的规划称为偏序规划（partial order planning）。偏序规划与STRIPS规划不同，其搜索空间是以规划为节点的规划搜索空间。

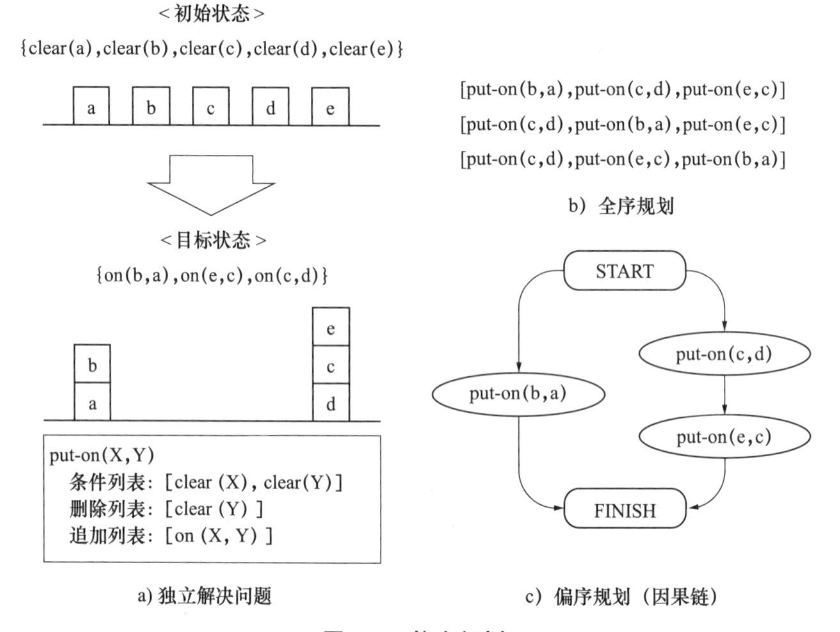

图5.8 偏序规划

偏序规划比全序规划更加复杂，主要由以下要素构成：

☐ **规划步骤**：附加到规划中各个运算符的指数组合。使用规划步骤是因为它是偏序规划，所以不能仅通过规划中从前往后数第 n 个运算符这样的标签来识别。

☐ **因果链**：在规划中，规划步骤 S 要在规划步骤 W 的条件部分添加文字 P 时，其因

[一] 此种问题能够比较容易设定。——原书注。

[二] 在只能逐条执行规划的情况下，需要确定规划执行时运算符的全序关系。——原书注。

果关系记为：$S \xrightarrow{P} W$。图 5.8c 表示的就相当于这种因果链。

□ **定序约束**：我们将规划步骤 S 需要先于规划步骤 W 执行的约束记为 $S < W$。下文有时也将其简称为“步骤”。

此外，偏序规划算法中必要的概念如下所示：

□ **威胁步骤**（thread）：与因果链 $S \xrightarrow{P} W$ 相反，属于规划步骤 S 和 W 之外的步骤，我们把删除 P 的步骤 V 称之为对 $S \xrightarrow{P} W$ 的威胁步骤。当然，威胁步骤一旦出现在规划步骤 S 和 W 之间，那么 W 就不再适用了。为避免该问题，应定序约束 $V < S$ 或者 $W < V$。

□ **完整规划**：是一种通过其他步骤实现规划中所有步骤前提条件的规划。如果步骤 S 中的某些前提条件 c 通过步骤 W 被添加，且没有被其他步骤删除时，我们称之为“步骤 W 达成了步骤 S 的条件 c”。

□ **无矛盾规划**：是一种定序约束中不存在矛盾的规划。例如，$S < W$ 和 $W < S$ 是矛盾的，$S < Q$，$Q < W$ 和 $W < S$ 是矛盾的。

偏序规划 [6] 的输入和输出如下所示：

□ **输入**：与 STRIPS 有同样的运算符、初始状态、目标状态。

□ **输出**：完整且无矛盾的偏序规划。

这里需要注意的是，使用偏序规划输出后形成的完整且无矛盾的规划中的全部规划步骤，使之满足定序约束、因果链而形成的全序规划就成为 STRIPS 规划的解。因此，完整且无矛盾的偏序规划是 STRIPS 规划解的抽象表示。

偏序规划的程序如下所示：

1. 通过由 START 步骤和 FINISH 步骤组成的初始步骤集合对规划 PLAN 进行初始化。START 步骤是将初始状态作为附加列表，并且条件、删除列表为空的运算符，而 FINISH 步骤则是将目标状态作为条件列表，且附加、删除列表为空的运算符。

2. 以空集合将因果链集合 CLINK 和定序约束 ORDER 进行初始化。

3. 若 PLAN 完整且无矛盾，则输出偏序规划（PLAN，ORDER，CLINK）并停止。

4. 从 PLAN 中决定未达成步骤 S_{na} 的条件文字 c。

5. 从运算符集合或者 PLAN 中的步骤中，选择能添加条件文字 c 的步骤 S_{add}。

（a）若不存在 S_{add}，则失败。

（b）将 $S_{add} \xrightarrow{c} S_{na}$ 添加进 CLINK。

（c）将 $S_{add} < S_{na}$ 添加进 ORDER。

（d）若能从运算符集合中得到 S_{add} 步骤，则进行以下操作：

i. 将 S_{add} 添加进 PLAN。

ii. 将 START < S_{add}，S_{add} < FINISH 添加进 ORDER。

6. 关于 CLINK 中 $S_i \xrightarrow{c} S_j$ 的各个威胁步骤 S_{threat}，作下列处理：

（a）选择下述 2 项，并执行操作。

i. 将 $S_{threat} < S_i$ 添加进 ORDER。

ii. 将 $S_j < S_{\text{threat}}$ 添加进 ORDER。

（b）若偏序规划（PLAN，ORDER，CLINK）矛盾，则失败。

7. 转向步骤 3。

另外，因上述过程的失败会发生回溯，此时选择的位置就会成为回溯的目标。基本上，上述算法从目标状态执行反向搜索。此外，因为它没有向成本较高的全序规划方向进行扩展，所以效率良好。

试通过上述程序解决图 5.8a 中的规划问题。这里，我们默认执行纵向搜索。为了简化说明，我们将省略搜索的试错部分，仅显示了求解路径。换句话说，在实际操作中，它将重复更多的试行错误。

首先，在步骤 1 和步骤 2 中，创建如图 5.9 所示的初始规划。在此图中，节点表示规划步骤，节点中的黑体字体是规划步骤名称，上部文字是条件文字，下部文字是其附加和删除文字（使用 del（ ）描述）。这里，条件文字、附加文字和删除文字分别表示条件列表、添加列表和删除列表中的谓词。此外，定序约束 ORDER 标示在规划旁边。

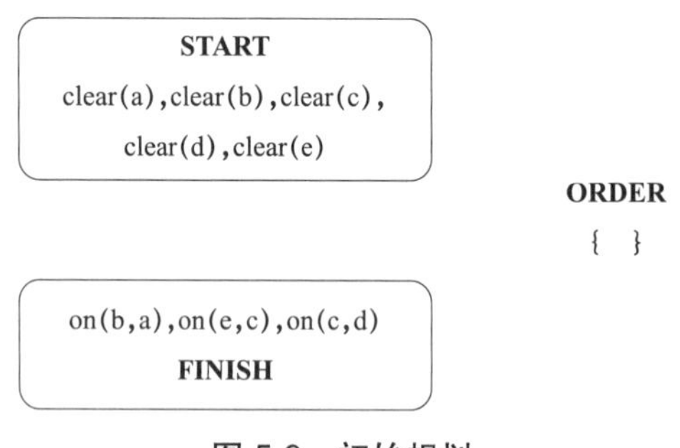

图 5.9　初始规划

然后，在步骤 4 中决定 FINISH 的 on(b, a)，在步骤 5 中选择可添加的运算符 put-on(b, a)，然后将因果链 put-on(b, a) $\xrightarrow{\text{clear(c)}}$ FINISH 和定序约束 put-on(b, a) < FINISH 添加进 CLINK 和 ORDER 中（步骤 5 的 (b)，(c)）。再者，由于 put-on(b, a) 是从运算符集合中得到的步骤，所以可添加进规划中（步骤 5）。与此同时，定序约束 START < put-on(b, a) 和 put-on(b, a) < FINISH 也要添加进去。但是，因为 put-on(b, a) < FINISH 已经存在 ORDER 中，所以不要重复添加。结果生成的规划如图 5.10 所示。图中，因果链通过文字间的箭头来表示，连接步骤 W 的附加文字 L 和步骤 S 的条件文字 L 的箭头表示因果链为 $W \xrightarrow{L} S$。而且，因为此时并不存在威胁步骤，所以该处理将跳转到步骤 3。

接下来，在步骤 4 中决定 put-on(b, a) 的条件文字 clear(a)。然后因为规划中已经存在的步骤 START 含有添加文字 clear(a)，所以步骤 5 中选择 START 作为 S_{add}。将因果链 START $\xrightarrow{\text{clear(a)}}$ put-on(b, a) 和定序约束 START < put-on(b, a) 添加进步骤 5 的（b）（c）中。然后，因为不存在威胁步骤，所以处理跳转到步骤 3。但是因为此处已存在定序约束 START < put-on(b, a)，所以不要重复添加。此外，在步骤 4 中决定 put-on(b, a) 的条件文字 clear(b) 后，再执行相同处理。结果生成的规划如图 5.11 所示。至此达成了 put-on(b, a) 中的全部条件文字。

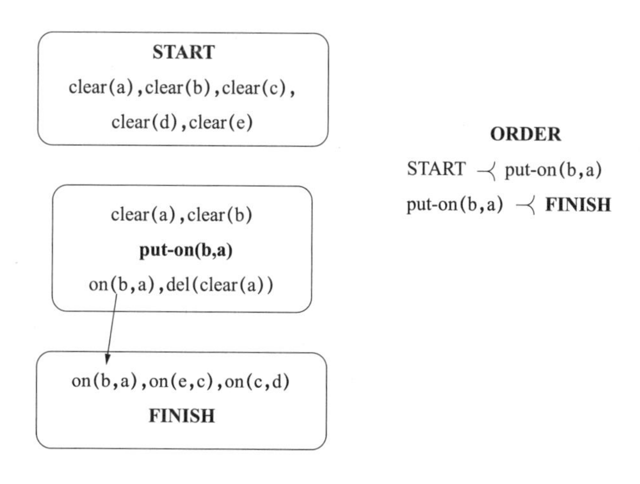

图 5.10　偏序规划 1

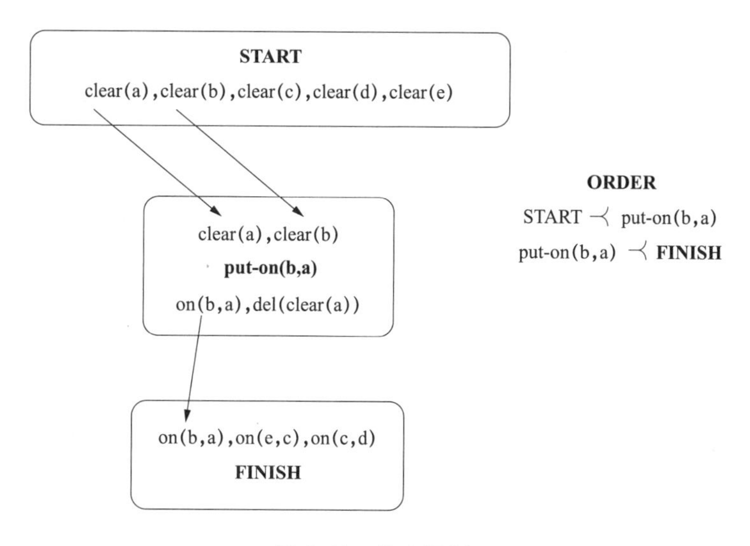

图 5.11　偏序规划 2

接下来，在步骤 4 中决定 FINISH 的条件文字 on(e, c)，选择运算符 put-on(e, c) 作为 S_{add}。与先前 put-on(b, a) 的处理一样，通过 START 实现了 put-on(e, c) 的条件文字 clear(e) 和 clear(c)，其结果形成的规划如图 5.12 所示。

剩余 FINISH 的 on(c, d) 在步骤 4 中决定，选择运算符 put-on(c, d) 作为 S_{add} 以满足该要求。在添加因果链和定序约束之后，我们进入下一循环。由于目前为止的过程中没有威胁步骤，因此不执行步骤 6 的过程。

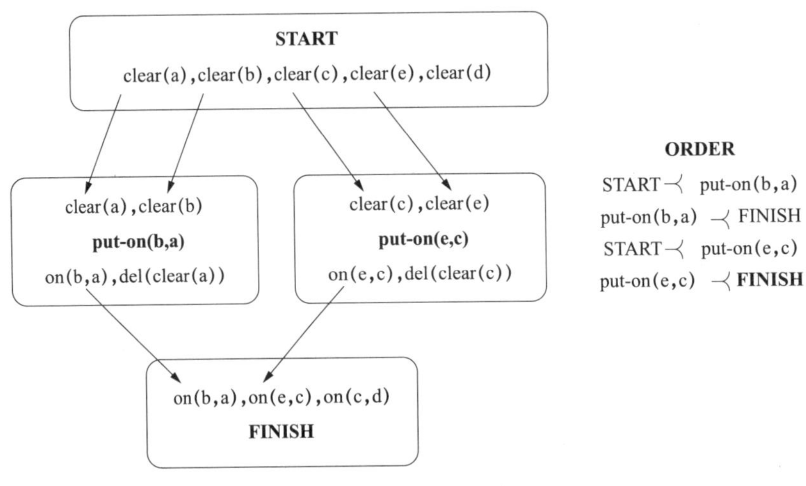

图 5.12　偏序规划 3

这里，步骤 4 中决定了规划步骤 put-on(c, d) 中的 clear(c)。在添加因果链 START $\xrightarrow{\text{clear(c)}}$ put-on(b, a) 之后，对于该因果链而言，含有 del(clear(c)) 的 put-on(e, c) 就变成了威胁步骤。因此执行步骤 6 中的 (a)ii 步骤，并添加定序约束 put-on(c, d) ≺ put-on(e, c)。其结果形成的规划如图 5.13 所示。图中，灰色的箭头表示威胁步骤。

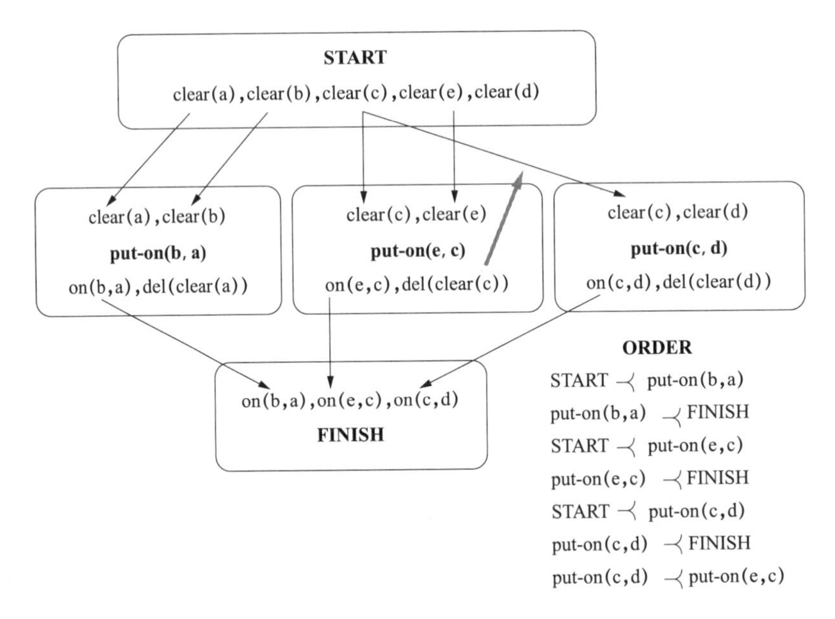

图 5.13　偏序规划 4

最后，通过 START 来满足 put-on(c, d) 中的条件 clear(d)，从而得到如图 5.14 所示的偏序规划。因为该规划是完整且无矛盾的，所以偏序规划停止执行。另外，所获得的图

5.14 中的偏序规划表示的是如图 5.8b 所示的全序规划。因此我们可以得出，偏序规划是通过 STRIPS 规划所得的全序规划的一般性表达。

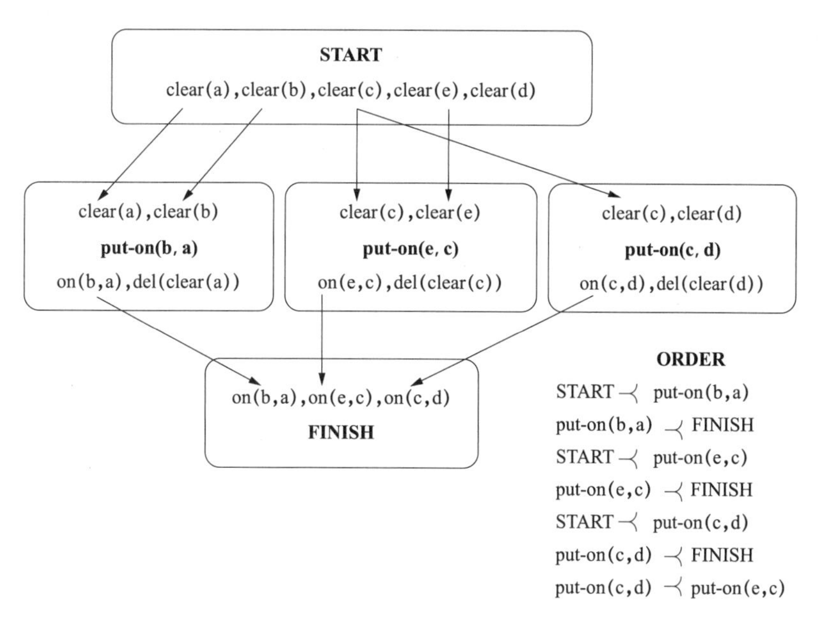

图 5.14　最终的偏序规划

5.3　反应式规划

目前为止，介绍的 STRIPS 规划以及偏序规划等，其目的都是为了在环境模型上生成完整规划，这类规划也被称为经典规划（classical planning）。近年来，经典规划的问题点主要在机器人技术研究领域中被广泛提起，为克服这些问题点，该领域中提出了反应式规划（reactive planning）概念。

由经典规划产生的规划通过机器手等致动器在环境中执行，并且在现实世界中实现目标状态。整体处理是一个观察→环境建模→规划→执行的过程，称为 SMPA 框架（Sense-Model-Plan-Action framework）[4]（图 5.15）。该框架的现实问题除了花费在规划中的计算成本外，通过计算机视觉等进行环境建模也需要大量计算时间，而且从观察环境到机器人实际开始运转也需要花费大量时间，因此机器人的运转是非常慢的 [4]。

如上所述，因为需要先生成完整的规划之后，规划才能被执行，所以到规划执行为止需要花费大量时间，这是经典规划的问题之一。但另一更重要的问题是，经典规划的前提是生成的规划在现实世界中能被实际执行。的确，若环境完全没有变化，且规划中的所有行为都能成功，则该前提是可以被满足的。但是，现实世界中该前提能够成立的情况是非常罕见的。环境是会发生变化的，即使尚未发生变化，行为也经常会导致失败。

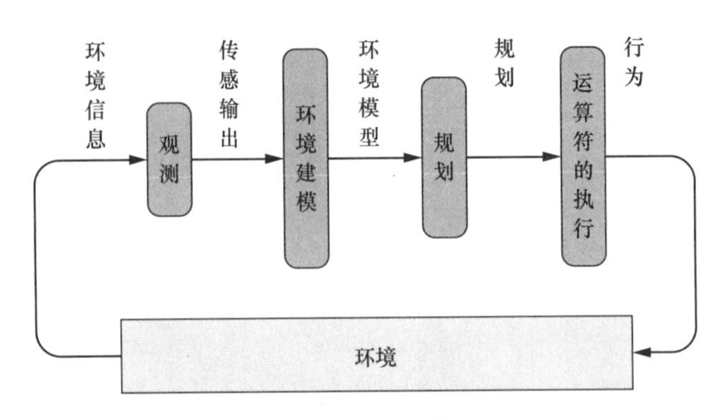

图 5.15　SMPA 框架

在这样动态环境中执行经典规划会发生什么情况呢？煞费苦心创建的一个较长规划即使能够得以执行，也会因为预想初始状态和现实初始状态存在出入，或者行为本身的失败等原因经常导致行为无法被顺利执行。即使在失败时对规划进行调整，再次执行规划也可能还会失败。所以我们不难想象，若是制定这种规划，并不断重复执行失败过程，无论过多久也不可能在环境中达成目标。

反应式规划（reactive planning）是一种在动态环境或者现实世界中具有强烈目标达成指向的规划。其基本思想是，“为了使智能体能够在现实世界中发出智能行为，我们并不需要以前那些要执行大量搜索的规划，只需要现场环境，进行阶段性的行动即可”[1][2]。反应式规划就是在该背景下诞生的。

反应式规划是通过反应式规则（reactive rule）来选择下一步应采取的行动，反应式规则是通过由能够直接执行的阶段性行为组成的结论部分和由传感器输出能够直接判断的条件部分来表述的。反应式规划的结构如图 5.16 所示。由传感器观测到的信息直接传递到多个反应式规则的条件部分，各规则并行对该条件的适用情况进行判定。然后从满足条件的规则中选择并执行适当的规则。一旦一个规则被执行，就会重启观测，这种循环针对环境的变化将在短时间内进行重复操作。这就是反应式规划系统，就结构上而言，其与人工智能中专家系统里使用的生产系统（请参考 4.5.1 节）非常相似。但两者之间存在本质区别，即生产系统中使用的规则只需对被称为工作记忆的计算机内部状态进行观测并改写即可，而反应式规划中规则的执行在通过机器人观测外界的环境后，无需进行推理即可对环境执行直接行动。此外，在实际的反应式规划系统中，要对反应式规则集合进行结构化处理，并消除规则间的冲突（请参考 4.5.1 节）。

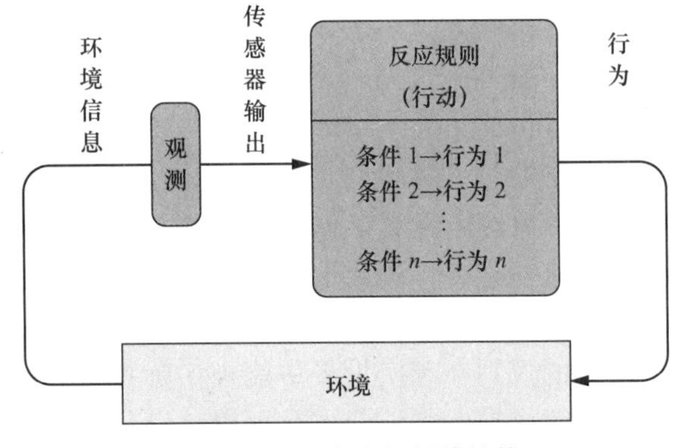

图 5.16　反应式规划的结构

5.3.1 反应式规划的具体事例

接下来，我们来看一个具体的反应式规则的示例。任务是执行沿着墙壁移动的所谓沿墙行为（wall-following）。这种用于沿墙行为的反应式规则的示例如下所示。

☐ **规则 A**（在凹角处转弯。实现如图 5.17a 所示的行动。）

IF 距离前方墙壁 10cm 以内，且左侧 10cm 以内有墙壁，

THEN 顺时针旋转 40°。

☐ **规则 B**（在凸角处转弯。实现如图 5.17b 所示的行动。）

IF 左右 5cm、前方 10cm 内没有障碍物，

THEN 向前进 10cm，再逆时针旋转 40°。

☐ **规则 C**（若离墙过近则远离。实现如图 5.17c 所示的行动。）

IF 距离墙 5cm 以内，

THEN 向右旋转 13.5°。

☐ **规则 D**（若离墙太远就接近。实现如图 5.17d 所示的行动。）

IF 离墙 5cm 以上，

THEN 向左旋转 13.5°。

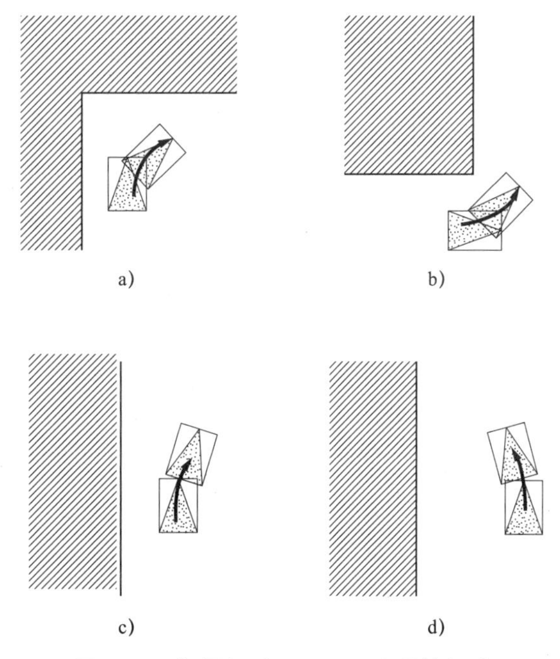

图 5.17 根据规则 A,B,C,D 实现的行动

通过实验发现，只需适时执行上述 4 个反应式规则，就能在如图 5.18 所示的环境中，顺利实现沿墙移动[10]。实际运行移动机器人，我们可以观察到，当机器人沿着墙壁移动时，几乎是在交替重复执行规则 C 和规则 D，在凹角和凸角处，则是通过分别 2 次连续执行规

则 A 和规则 B 来实现转弯的。

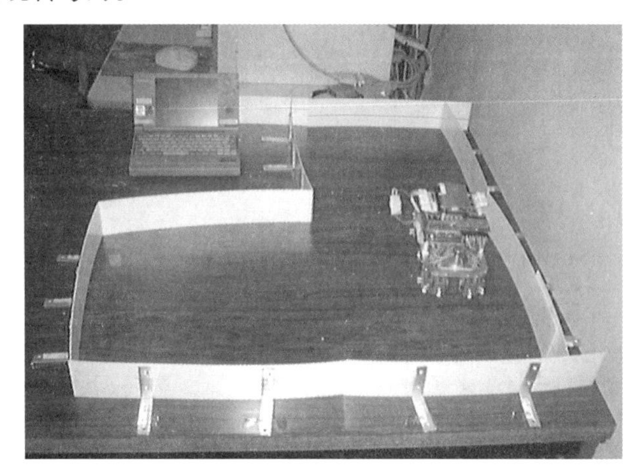

图 5.18　机器人真实实验环境

在执行上述沿墙移动时，若遇到墙壁歪斜和墙壁处放有障碍物等情况时，对于此种环境的变化，反应式规划也能进行相应应对。墙壁歪斜的情况下，可以不接触墙壁而沿着墙壁移动，若障碍物体积不大，可以边移动边回避障碍物。但要想在经典规划中实现沿墙移动，则需要先构建环境模型，在生成用于实现沿墙行为所必需的完整规划后，才能采取执行该规划的程序。而且，若是执行过程中遇到墙壁歪斜和存在障碍物等引起环境变化的情况，因为是没有预想到的状态，所以规划将无法执行。在此意义上，我们可以说反应式规划能够适应环境的变化。

使用反应式规划的智能体，其内部没有环境模型[4]。此外，智能体本身并不执行复杂的处理，只需单纯对环境做出相应反应即可。但是，如果环境本身非常复杂，则这种单纯的反射行动可能会产生复杂的行为。

智能体的行动是反射性的，并且该行动必须符合智能体的目的。另外，必须要能够针对各个目的采取适当行动。在经典规划中，对于由一系列运算符构建的规划所实现的目标，能够通过自动生成规划应对所有问题，但在反应式规划中，因为它不执行经典规划意义上的规划行为，所以设计者必须预先为各个目的提供反应式规则。从此意义来说，反应式规划缺乏灵活性。另外，相对于反应式规划实现的是应变性（reactivity），生成如经典规划那样完整规划的规划则被称为推敲性（deliberation）。

此外，人们还提出了一个将应变性和推敲性融为一体的系统，下面我们将对其中之一的包容体系结构进行说明。

5.3.2　包容体系结构

传统的移动机器人的结构见图 5.15，整体由功能模块划分。相反，布鲁克斯（Brooks）提出了一种由异步执行任务的行为（behavior）进行划分的结构，如图 5.19 所示。在这种体系结构中，因为要进行诸如上层行为制约下层行为的控制行为，所以被称为包容体系结构（subsumption architecture）[3]。从图 5.19 就可以看出，下层行动更具有反射性。因为每个级别的任务都是直接接收传感器发来的信息且并行处理这些信息，所以在多重目标、多重传感器、稳定性、扩张性的方面比传统方式优秀。

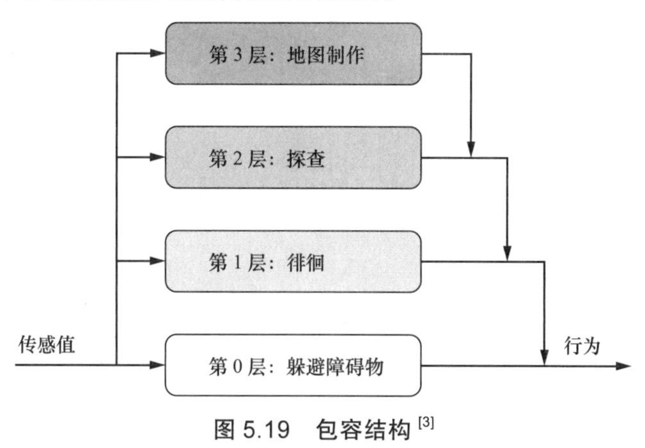

图 5.19　包容结构 [3]

每一层都是通过连接有限自动控制装置构成的。图 5.20 显示的就是该有限自动控制装置的一个示例。自动控制装置具有输入、输出、输入缓冲器、状态变量、确定当前状态和输入后的下一状态的转换规则等功能。当存在复位输入时，状态为 NIL。此外，输入连接到传感器或其他自动控制装置的输出，并且输出连接到促动器或其他自动控制装置的输入。此外，还可进行如下所示的门户连接。

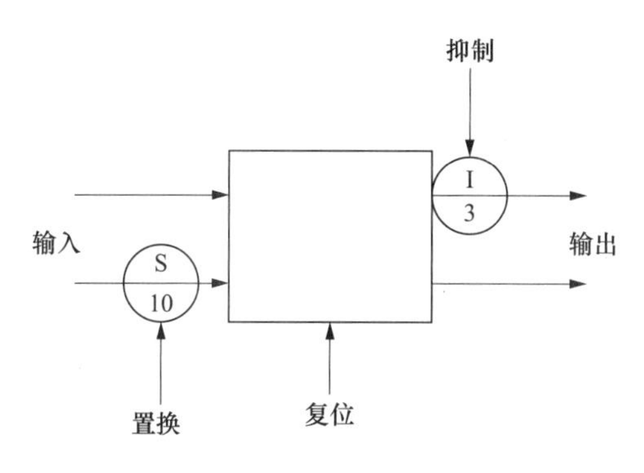

图 5.20　有限自动控制装置 [3]

☐ **抑制**（inhibiter）：连接到输出，且在触发器作用下，输出在一定时间内被删除。

☐ **置换**（suppressor）：连接到输入，且在触发器作用下，输入在一定时间内被上一层输出替换。

图中圆圈中的 I 和 S 表示抑制和置换，其下面的数字是上述所谓的一定时间。LISP 上提供了这种有限自动控制装置和描述这些连接的语言。其组成顺序为：首先通过连接有限自动控制装置来构建低层。然后构建上层，并通过门户连接连接这两个层级。重复此顺序，包容体系结构即可逐渐构建完成。

例如，如图5.21所示，移动机器人的包容体系结构由3层构成：层0：障碍物躲避，层1：徘徊，层2：搜索行为。另外，实际上使用包容体系结构的移动机器人已研制成功，并且可以在没有人为限制的情况下执行研究所内的垃圾回收任务。

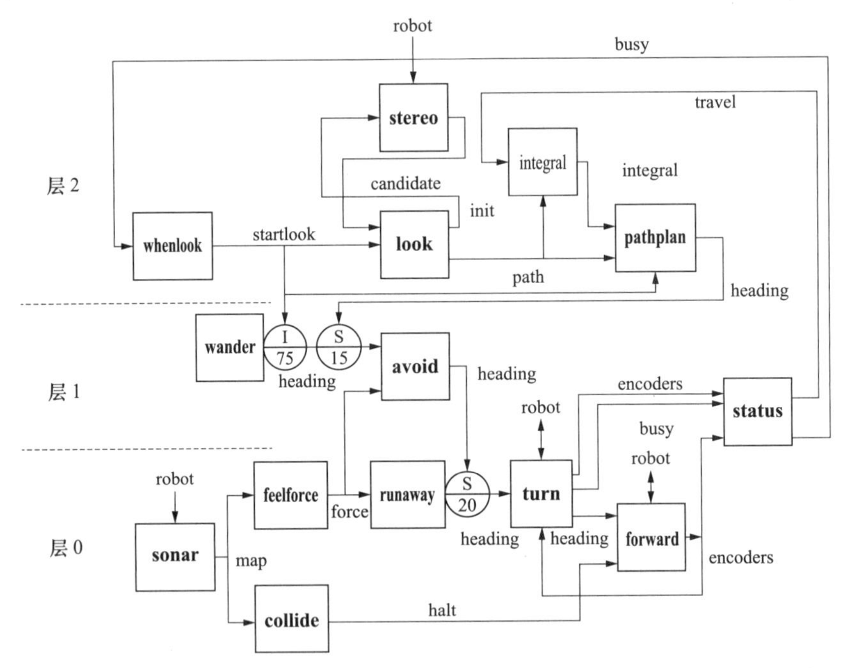

图5.21 移动机器人的包容体系结构[3]：各层的行动（障碍物躲避、徘徊、搜索行为）可通过有限自动装置的组合实现

移动机器人执行相对简单的任务时，此时包容体系结构的任一级别运行都不需要环境建模和规划。由此，Brooks提出了一句口号："没有表象的智能（intelligence without representation）"。总之，传统的移动机器人将大量时间耗费在环境建模上，所以移动起来如蜗牛一般，而通过低层处理即可立即执行障碍物回避等行为的包容体系结构正是上述反应式规划。另外，除了如图5.16所示的反应式规划外，还可向上层添加诸如图5.19所示的第3层生成地图的非反射性行为，这就说明包容体系结构是一种同时包含反应式和推敲性的系统。

习题

1. 请就人类陷入框架问题时该如何应对进行论述。

2. 关于图5.8a中的问题，请将执行STRIPS规划时的过程按照图5.2那样表示出来。另外，请确认其结果是否生成了图5.8b中的任一规划。

3. 假如图 5.3 为规划的初始状态，图 5.6 为规划的目标状态，请使用偏序规划解决上述规划问题，并对其过程做出图示说明。

4. 请参考 5.3 节中介绍的沿墙移动的反应式规划，并考察用于障碍物回避的反应式规划。

参考文献

[1] P. E. Agre and D. Chapman, "A Implementation of a Theory of Activity", Proceedings of the Sixth National Conference on Artificial Intelligence, pp. 268–272, 1987.

[2] P. E. Agre and D. Chapman, "What are plans for?", In *Designing Autonomous Agents*, pp.27–45. Bradford-MIT, 1990.

[3] R. A. Brooks, "A Robust Layered Control System for a Mobile Robot", IEEE Transaction on Robotics and Automation, Vol.2, No.1, pp.14–23, 1986.

[4] R. A. Brooks, "Intelligence Without Reason", Proceedings of the Twelfth International Joint Conference on Artificial Intelligence, pp.14–23, 1991.

[5] R. E. Fikes and N. J. Nilsson, "STRIPS: A New Approach to the Application of Theorem Proving to Problem Solving", Artificial Intelligence, Vol.2, pp.189–208, 1971.

[6] D. McAllester and D. Rosenblitt, "Systematic Nonlinear Planning", Proceedings of the Ninth National Conference on Artificial Intelligence, pp.634–639, 1991.

[7] J. McCarthy and P. J. Hayes, "Some Philosophical Problems from the Standpoint of Artificial Intelligence", Machine Intelligence, Vol.4, pp.463–502, 1969. 三浦 謙訳「人工知能の観点から見た哲学的諸問題」,『人工知能になぜ哲学が必要か — フレーム問題の発端と展開』, 哲学書房, 1990.

[8] A. Newell, J. C. Shaw, and H. A. Simon, "Report on a General Problem-Solving Program", The International Conference on Information Process, pp.256–264, 1960.

[9] S. C. Shapiro et al., (eds), "Encyclopedia of Artificial Intelligence", Wiley International, second edition, 1991. 大須賀節雄 監訳「人工知能大辞典」, 丸善, 1991.

[10] S. Yamada and M. Murota, "Unsupervised Learning to Recognize Environments from Behavior Sequences in a Mobile Robot", Proceedings of the 1998 IEEE International Conference on Robotics and Automation, pp.1871–1876, 1998.

[11] 松原 仁, 橋田 浩一, "情報の部分性とフレーム問題の解決不可能性", 人工知能学会誌, Vol.4, No.6, pp.695–703, 1989.

第 6 章 推 理

本章主要论述以逻辑为基础的推理。在 AI 的发展历程中，众多推理法被一一验证，并作为算法得以实现。以下将按照顺序逐一介绍演绎、归纳、溯因，常识推理，假设推理，类推，以及贝叶斯网络这些代表性的推理法，并依次论述其特征。

6.1 演绎、归纳、溯因

人类是如何思考来解决他们所面临的问题呢？这是人类亘古未变的永久课题。

若追溯对该课题的研究，首当其冲就是公元前的亚里士多德。亚里士多德提出了“因为如此，并且由于，所以这般。”形式的三段论法。所谓三段论法，就是指以两个前提导出一个结论的推理模式。

若有凌驾于亚里士多德的三段论推理的方法，就必须要提到 19 世纪的符号逻辑学了。美国的哲学家皮尔斯（Peirce）指出有三个推理模式，即**演绎（deduction）**、**归纳（induction）**[㊀]、**溯因（abduction）**。

这里，我们将简单地向大家解释演绎、归纳、溯因。下面就从大前提、小前提、结论这三个命题来思考讨论。

大前提：智能体有智能。（$\forall x \mathrm{Agent}(x) \rightarrow \mathrm{Intelligent}(x)$）

小前提：007 是智能体。（Agent(007)）

结论：007 有智能。（Intelligent(007)）

此时，演绎、归纳、溯因的图式如下所示。

演绎：[大前提]+[小前提] ⇒ [结论]

归纳：[小前提]+[结论] ⇒ [大前提]

溯因：[大前提]+[结论] ⇒ [小前提]

演绎就是当大前提和小前提都正确时，结论必然正确，也就是说它是一个必然得出逻辑性结果的推理，也称之为必然性三段论法。归纳就是从小前提和结论来假设大前提的推

㊀ 本来用了“发想”一词，但又和通常情况下的“发想”有意义上的差别，而且在 AI 领域会出现“发想支援系统”（决策支持系统），基于以上理由，为避免混淆采用了 abduction 一词。——原书注。

理，它从观测而来的事例集合中得出与这些事例所属领域的普遍规则。例如，假设有很多如007、兰波、哆啦A梦等智能体存在，通过对他们的观察，可以推理出所有的智能体都有智能这样的普遍规则，这就是归纳。归纳通常被认为与从众多事例中获得新知识的归纳学习相关。溯因就是从大前提和结论来假设小前提的推理。当观测到007有智能，且知道智能体是有智能的时候，就可以推理或许007是一个智能体。溯因是一种推理法，可以创生出一种被认为是假说的新知识。这与由“神启”发现新的科学法则的过程类似。

归纳和溯因，合称为非演绎性推理，与演绎法界限分明，性质迥异。演绎通常是导入正确的结论，而归纳和溯因所得到的结论终归只是假设，不一定就是正确的。也就是所谓的或然性（plausible）推理，或然性三段论法。另外，归纳和溯因是创生新知识的扩张性（amplicative）推理，而演绎只是在现有的知识范围内进行推理。如上所述，把人类的推理模式宽泛地划分为3类，在几乎所有的问题解决情况下，人们就会巧妙地（或者无意识地）分别使用这三种推理模式。

接下来，就看一下这三种推理模式（演绎、归纳、溯因）的结构如何定式化吧。尤其要从计算机的推理结构的机械化、自动化等观点进行考察。推理结构的机械化是人工智能基础研究的中心课题，人们至今都在致力于对其持续研究中。

很明显，推理结构的定式化是基于形式逻辑的。在三种推理模式中，与演绎法相关的研究是最早开始的。被称为经典逻辑（classical logic）的命题逻辑和一阶谓语逻辑，实际上就是演绎法定式化逻辑。并且，由生产规则而来的推理也同样是演绎法。

当将经典逻辑语言表达的逻辑式的集合设作K（公理，或者称作前提），将命题演算分离规则（Modus Ponens）这一种推演规则（参照4.5.4节）反复操作得来的逻辑式设作p（称作定理）时，K和p的关系可以记作$K \vdash p$。并且，由K导出的定理集合可以记作$\mathrm{Th}(K)$。像这样由公理K导入定理p的推理只能是演绎法，逻辑式p被确认为是K在逻辑上的结果。

此外，20世纪中叶计算机出现后，人们就尝试着利用计算机来进行公理K向定理p的导入。所谓的自动定理证明在20世纪60年代十分盛行。琼·罗宾逊（J.A.Robinson）提出的导出原理（也称融合原理）（resolution principle）就是其显著的成果。基本方法就是通过对节（clause）这一特殊形式的逻辑式进行一系列形式上的操作，用$K \cup \{\neg p\}$导入矛盾（反驳论证）代替原有的由K导入p。如前所述，导出原理在论证手续效率化上发挥了巨大的作用，也作为逻辑编程语言PROLOG的计算结构被采用。

另一方面，从推理机械化这一点来说，对归纳法和溯因法的研究可以说比演绎法迟了很多。归纳法一般被认为是与学习程序相关，理论方面，极限确定、PAC学习以及在推理系统上的模型推理都是其众所周知的成果。与溯因法有着紧密联系的就是假设推理了（参照本章6.3节），它作为人们较常使用的问题解决程序，将假设的选择-验证过程在逻辑基础上模型化，因此可以说是简单化的溯因。并且，在逻辑编程领域中，最近出现了一些范式，如**归纳逻辑程序设计（Inductive Logic Programming, ILP）**[3]，**溯因逻辑程序设计（Abductive LP, ALP）**等。这些都是以一阶谓词逻辑的框架为基础意图实现归纳和溯因。

如上所示，在这三种推理模式中，演绎法已在理论上被阐明，其机械化已成现实。近年来，人们追求更加高速化，并列推理机械也得以开发。另一方面，虽然归纳法与溯因法也实现了部分的机械化，但是它们在理论和实用方面还是有众多课题以待研究的。

6.2 常识推理

首先，常识推理（common sense reasoning）是指在不完备的信息及知识基础上，通过常识性的思考，导出最接近可能的结论。因为现实世界的知识包罗万象，想要全面记述知识是不可能的。因此，常识推理产生的动机就是，搭建一个即便不罗列全部知识也能顺利进行推理的结构。

由于常识推理的结论是或然性的，若发生知识追加，有时会推翻之前的结论。人们把这种情况称为推理的非单调性。顺便一提，因为由演绎而来的结论是永远不会被推翻的，所以演绎是一种单调推理。此处，就推理的单调性向大家展示其形式上的定义。

将表示前提的逻辑式的集合看作 K，并在 K 上添加新的知识含义 K'。将由 K 以及 $K \cup K'$ 推理而来的结论的逻辑式集合设作 Con（K），Con（$K \cup K'$）。那么，在定式化单调推理的命题、谓语逻辑等一般逻辑上，$K \subseteq K \cup K'$ 时，Con（K）$\subseteq$ Con（$K \cup K'$）成立。上述算式表示："当追加了新知识时，所得到的结论集合至少不会减少"，同时也显示出了伴随知识追加的单调性。此外，在一般逻辑上，Con（K）与定理的集合 Th（K）相一致。此处，$\text{Th}(K) = \{p|K \vdash p\}$。

反之，非单调推理中，$K \subseteq K \cup K'$ 时，Con（K）$\not\subseteq$ Con（$K \cup K'$）有时也会成立，具有伴随知识追加的非单调性，即"当追加了新知识时，之前导出的结论也有可能不成立"。图 6.1 就向大家展示了这两种情况。图 6.1b 的斜线部分就是由于追加知识而不成立的结论。

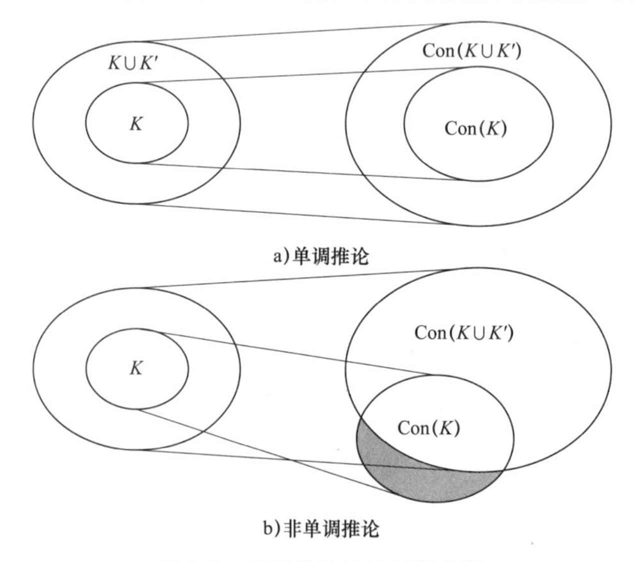

图 6.1　单调推论与非单调推论

那么，我们以基于信念的推论为例，来直观展示其非单调性。我们假设某人坚信“关西不会发生大地震”。但是，当他直面了关西大地震发生所带来的前所未有的伤害时，他原有的“关西不会发生大地震”的信念，因为新的事实而土崩瓦解了。如此，信念的集合转变至非单调性。

迄今为止，在AI的常识推理研究方面，多半并非记述常识，而是将未记述的知识作为常识加以导入。于是，在AI领域，会留下一些被称之为框架问题的大问题，即在记述时刻变化着的动态世界的过程中，随着状态的变化，如何描述不变事物的问题。上述通过非单调性常识推理结构来处理框架问题的方法，在20世纪80年代十分盛行，但至今仍未找到彻底的解决办法。

此外，在定式化了非单调性常识推理的逻辑上，科学家们也提出了缺省逻辑（Default Logic, DL）[5]、限界（circumscription）[6]，自我认知逻辑（autoepistemic logic）[9]等。这些所谓的非单调性逻辑，相互之间有着密切的关系，相当大部分已经有所阐明。另一方面，作为逻辑性数据库，演绎数据库（deductive database）中，又有着非单调性推理技巧，即封闭世界假设（Closed World Assumption, CWA）。下面就对其进行逐一说明。

6.2.1　缺省逻辑

在缺省逻辑（DL）上，添加推理规则（也称为默认规则）——“相反信息不成立时，便能推导出常识性结论”来扩张一阶逻辑。例如，在默认规则上表示“鸟一般会飞”这样的知识的话，是

$$\frac{\mathrm{Bird}(x):\mathrm{Fly}(x)}{\mathrm{Fly}(x)}$$

利用该规则，关于以结论为导出对象的实例I_{nst}，运行“$\mathrm{Bird}(I_{\mathrm{nst}})$成立，假设其满足$\mathrm{Fly}(I_{\mathrm{nst}})$且无否定的信息导出时，就将$\mathrm{Fly}(I_{\mathrm{nst}})$作为结论”。

对于大部分的鸟来说，都能导出“飞”这样的常识性结论，另一方面，对于企鹅、鸵鸟、雏鸟、羽毛受伤的鸟等特殊鸟类或遇意外情况这些不完全的知识来说，都能够用以上的规则来处理应对。

那么就给它以形式上的定义。首先，将默认规则的一般形式记作

$$\frac{p:q}{r}\ \text{或记作}\ p:q/r$$

表示为“当p成立且q无矛盾时，推理出r（p、q、r为逻辑式）”。这里，q无矛盾就是指q的否定即$\neg q$无法证明。

在DL上，将两个字母组合（D, K）称作默认理论（default theory）。但是，D是默认规则的集合，K是一阶逻辑式的集合。因为一阶逻辑式表达的是完全的知识，所以在某种意义上也能够将其看作是确定性的知识。在此，我们从集合K开始，定义能够用D推理的假设性知识的集合——扩张$\mathrm{EX}[D, K]$（extension）。

[定义 1] 将 D，K 称作默认理论。一阶逻辑式的集合 $\mathcal{K}_i$，（$i \geqslant 0$）如下定义。

$$\mathcal{K}_0 = K$$

$$\mathcal{K}_{i+1} = \mathrm{Th}(\mathcal{K}_i) \cup \{r|p:q/r \in D，但是 p \in \mathcal{K}_i 且 \neg q/ \in \mathcal{K}\}$$

有且只有当 $\mathcal{K} = \cup_{i=0}^{\infty} \mathcal{K}_i$ 时，$\mathcal{K}$ 就成为（$D, \mathcal{K}$）的扩张 EX[$D, \mathcal{K}$]。

在此定义中，应该看到 $\mathcal{K}_{i+1}$ 的定义中导入了 $\neg q/ \in \mathcal{K}$ 的条件。这就意味着不能按照从 $\mathcal{K}_0$ 开始的顺序依次构成集合 $\mathcal{K}$。

[例 1] 动物不能飞

• 哺乳类是动物。

• 鸟是动物。

• 鸟会飞。

• 企鹅不会飞。

• 企鹅是鸟。

• Leo 是动物。

• Tweety 是鸟。

能否从这些前提得出“Leo 不会飞”，“Tweety 会飞”这样的结论呢？实际上，只是单纯地用一阶谓词逻辑式记述前文知识，是不可能得到以上结论的（习题）。

那么把“动物不会飞”和“鸟会飞”认定为包含例外的不完全知识，用默认规则来表示的话，理论（D, K）就如下所示。

D：$\forall$ Animal(x): $\neg$ Fly(x)/ $\neg$ Fly(x),Bird(x):Fly(x)/Fly(x)

K：$\forall$ xMammal(x) → Animal(x)

$\forall$ xBird(x) → Animal(x)

$\forall$ xPenguin(x) → $\neg$ Fly(x)

$\forall$ xPenguin(x) → Bird(x)

Animal(Leo)，Bird(Tweety)

首先，Animal(Leo) 成立，且与 $\neg$ Fly(Leo) 无矛盾，故第一个默认规则适用，并得出结论 $\neg$ Fly(Leo)。同样，自 Bird(Tweety) 开始，使用第二个规则，得出 Fly(Tweety) 的结论。

其次，如在 K 上追加 Penguin(Tweety) 信息，那么因为 K 能导出 $\neg$ Fly(Tweety)，所以第二个默认规则就被阻挡了，也就无法推论出追加前已导出的结论 Fly(Tweety)。这就是缺省逻辑的非单调性。

另外，在一阶谓词逻辑等单调性逻辑上，作为前提 K 的结论，必定存在一个定理集合 Th(K)，但是对于缺省逻辑上的结论集合——扩张而言，它未必像单调逻辑那样只有一个，普遍认为既有多数存在的可能（称之为多重扩张），也有不存在的可能（见习题）。以下将通过著名的尼克松菱形（Nixon Diamond）为例来说明存在多重扩张的情况。

[例 2] 基督教徒一般是和平主义者

• 共和党员一般不是和平主义者。

• 尼克松既是基督教徒，又是共和党员。

基于这些条件会导出什么结论呢？首先，将其用默认理论（D，K）来表现的话，

D: Quaker(x):Pacifist(x)/Pacifist(x)

Republican(x): ¬ Pacifist(x)/ ¬ Pacifist(x)

K: Quaker(Nixon),Republican(Nixon)

由 K 可知，最初可以应用任意一个默认规则。首先，若最初应用的是第一个默认规则，就包含“尼克松是和平主义者 Pacifist(Nixon)”，并能够得到一次扩张，此时第二个默认规则受阻(因为¬ Pacifist(Nixon) 有矛盾)。反之，若最初应用的是第二个默认规则，就包含“尼克松不是和平主义者¬ Pacifist(Nixon)”，便得到了另外的扩张。这就向大家展示了从唯一前提能导出相反的两个结论的现象。多重扩张是非单调推理的特有的性质，从能够达到二选一的假设性结论这方面而言，它是一种接近人类的推理程序，但是在现实处理的情况下，还是有一些棘手问题的。

缺省逻辑是定式化常识推理的重要体系，在非单调逻辑中也是最多被研究的对象。然而，在缺省逻辑的计算方面，有一个让人悲观的事实：在命题计算中，扩张的成员关系问题（判断扩张中的逻辑式是否存在的问题）除了会极大地限制逻辑式和默认规则的表现能力外，还能够证明 NP 问题的完全性；而且，要确定扩张，必须要确认逻辑式的充分可能性（无法证明性）㊀，因此在一阶谓词计算之下，计算不能实现。所以在嵌入计算机时，必须要考察一阶谓语计算的部分系统中的缺省逻辑。

6.2.2 限界

“一概不考虑未被记述的知识”，将这种存在于人类推理、思考内部的概念导入一阶谓词逻辑并定式化，就是所谓的限界。因此，在一阶谓词的世界里，与上述概念相当的高阶推理规则被视为限界（circumscribe）。这里的高阶推理规则就是——“一旦从某事实推理出某对象具有某性质，那么就限定只有该对象具有该性质”。

科学家给予限界多种定义方法。下面向大家介绍被称作原版的麦卡锡[6]的定义。

> **[定义 2]** 将 $P(x)$ 和 $\Phi(x)$ 设作各参数数值相等的谓词，将包含谓词 P 的逻辑式集合设为 $K(P)$，将 K 上 P 的限界 Circ[K；P] 设作：
>
> $$\mathrm{Circ}[K\,;\,P] \triangleq K \wedge \forall\ \Phi(K(\Phi) \wedge \forall\ x(\Phi(x) \rightarrow P(x)) \rightarrow \forall\ x(P(x) \rightarrow \Phi(x)))$$

这里，$K(\Phi)$ 是将 K 上的谓词 P 全部置换成 Φ 而来。

限界的定义基于模型的极小化概念（假设逻辑式集合全部为真）。实际上，在定义 1 所示算式的第二项逻辑式的任意模型就是谓词 P 的极小模型。因此，当给予其前提 K 时，该

㊀ 通过一阶谓语计算，能够判定充分不可能的算式，但判定充分可能算式的算法却不存在。这被称为一阶谓词计算的半决定性。——原书注。

定义表明除必须满足 P 的对象以外，不再存在任何满足 P 的对象。从这层意思来看，限界有时可以译成极小限定。

此外，在将限界应用于常识推理时，导入允许表示例外 abnormal 谓语 [7]。

[例 3] 与例 1 相关联，将“鸟一般会飞”的常识性知识用abnormal谓词Ab来表现的话，就是 $\forall x\ \mathrm{Bird}(x) \wedge \neg \mathrm{Ab}(x) \rightarrow \mathrm{Fly}(x)$。现在，当将前提 K 设为

$\forall x\ \mathrm{Bird}(x) \wedge \neg \mathrm{Ab}(x) \rightarrow \mathrm{Fly}(x)$

$\forall x\ \mathrm{Penguin}(x) \rightarrow \mathrm{Ab}(x)$ 时，

$\mathrm{Circ}[K\ ;\ Ab]$ 就会变成

$K \wedge (\ \forall x \mathrm{Ab}(x) \Leftrightarrow \mathrm{Penguin}(x) \vee (\mathrm{Bird}(x) \wedge \neg \mathrm{Fly}(x)))$

（但是，符号 $\Leftrightarrow$ 意味着数值相同，也就是说 $P \Leftrightarrow Q$ 就意味着 $(P \rightarrow Q) \wedge (Q \rightarrow P)$）。

以上阐述表示：“异常状况是企鹅等不会飞的鸟。”继续通过谓词 Fly，对谓语 Ab 实行限界的操作的话 [8]，就能导出

$\forall x\ \mathrm{Ab}(x) \Leftrightarrow \mathrm{Penguin}(x)$

这就表示：“异常状况只有企鹅”。

作为非单调推理的定式化方法，限界的作用是非常有效的，也有很多扩张、变形版本被提出。但是，从前面所述的定义 2 可以清楚地看到在谓词变量中，包含着限量 $\forall \Phi$，作为二阶谓词逻辑的处理是很有必要的。众所周知，二阶谓词逻辑是不存在计算方法的，是不可能实现它的完全形态的。但是，Lifschitz 方程 [8] 找到了能够以一阶谓词的水平表现限界的逻辑式阶级，以此为开端，众多研究提出要考察实现逻辑编程。

6.2.3 自认知逻辑

摩尔提出了与缺省推论（相反结论无法导出时，正好反推该结论）意义迥异的自认知推论（autoepistemic reasoning）。它被定义为根据推理者自身的知识和信念进行非单调推理的事物。将这个自认知推论模型化的逻辑就是自认知逻辑（AEL）。在 AEL 上，将模态符号 L 导入一阶谓词逻辑等一般逻辑世界中，并进行扩张。赋予 L 以“可信任”的意义，并将算式 L_p 解释为“p 受到信任”。在 AEL 的理论（逻辑式集合）中，允许以 L_p 为部分算式的逻辑式。

AEL的结论集合被称为稳定扩张SE(K)（stable expansion）（与DL的扩张有同等概念），其定义如下所示。

> **[定义 3]** 对于前提 K，
> 逻辑式集合 T 满足 $T = \mathrm{Th}(K \cup \{L_p | p \in T\} \cup \{\neg L_p | p \notin T\})$，于是将 T 称作前提 K 的稳定扩张 SE[K]。

在稳定扩张中，包括可信任的（L_p）和不可信任的（$\neg L_p$）两种情况。需要注意的是，定义 3 会形成关于逻辑式集合 T 的不动点方程式。这显示了 AEL 和 DL 一样都有一种非构成性性质：无法直接从已知前提 K 构成稳定扩张。

与 AEL 相关值得注目的研究中，Konolige[10] 主张 DL 与 AEL 之间存在着等价变换。简言之，他的观点就是一个抽象结果，即：当将 DL 的默认规则 $p : q/r$ 变换为 AEL 的逻辑式 $L_p \wedge \neg L \neg q \rightarrow r$，且试图求得具备较强依赖的稳定扩张结论集合时，由一般算式组成的结论的部分集合与 DL 的扩张相一致。按照这样的等价变换，“鸟一般会飞”这样的默认规则 Bird(x):Fly(x)/Fly(x) 就能变换成 L Bird(x) $\wedge \neg L \neg$Fly(x) $\rightarrow$ Fly(x) 这样的 AEL 逻辑式。

6.2.4　封闭世界假设

封闭世界假设（CWA）是由赖特（Reiter）[11] 所提出的，形成了“无法从知识库中推导出的东西，其否定成立”这样的观点。直观而言，以英文单词“fazzy”为例。当遇到这种字母组合时，查阅英日辞典发现该单词未见收录，于是，便考虑得出结论：英语中不存在“fazzy”一词，这就是 CWA 的思路。反之，知识库中未收录知识的真伪无法判断的观点，就被称作开放世界假设。

基于 CWA 的推论，相当一部分对象世界的记述被简化了，它们并不记述否定知识，而是只记述肯定知识。因为否定知识通常比肯定性知识多得多，所以赖特认为，基于 CWA 的推理在计算及记述方面优点颇多。

CWA 的定义如下所示：

> **[定义 4]** 以 K 为前提的一阶谓词逻辑式的集合，将 p 设为基础原子。有且只有 $p \notin$ Th(K) 时，$\neg p \in \triangle$。且 $\triangle$ 是负基础文字的集合，也被称为假说集合。此时，基于 CWA 导出的算式集合 CWA[K] 被认定为 CWA[K] $\triangleq$ Th($K \cup \triangle$)。

上述定义表示，当基于前提 K 的正基础文字无法被归结到逻辑上时，就会在 K 上追加该文字的否定，由这个追加集合所导出的算式集合就是 CWA[K]。图 6.2 用图形展示了封闭世界假设 CWA[K]。在 K 上追加知识的同时，$\triangle$ 要素的数量有减少可能。因此，CWA[K] 对于 K 的增加来说，具有非单调性。

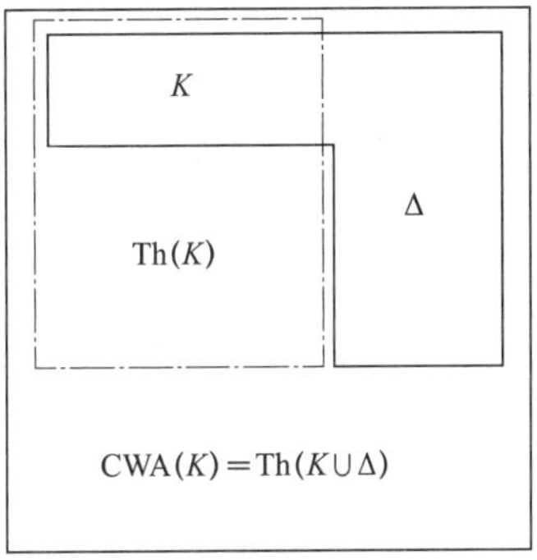

图 6.2　封闭世界假设

通过以下例子来明确其非单调性。

[例 4] 认定 $K = \{p \rightarrow q\}$(p，q 都是正基础文字)。此时 p，$q \notin$ Th(K)，因此 $\neg p$，$\neg q \in \triangle$，由此 $\neg p$，$\neg q \in$ CWA[K]。此处认定 $K \cup \{p\}$。显然 p，$q \in$ CWA[$K \cup \{p\}$]。因 $\neg p$，$\neg q$ 无法导出，故其具有非单调性。

接着考察 CWA 的无矛盾性。所谓的逻辑式集合 K 无矛盾（consistent）就意味着，某一个算式和该算式的否定同时都不具备 K 要素。

[例 5] 认定 $K = \{p \vee q\}$(p，q 都是正的基础文字)。此时，p，$q \notin$ Th(K)，因此 $\neg p$，$\neg q \in \triangle$。由此可知 $p \vee q$ 和 $\neg p \wedge \neg q = \neg(p \vee q)$ 两方都包含在 CWA[K] 中，所以 CWA[K] 矛盾。

如同该例子所示，即使以无矛盾前提为对象，通常也无法保证基于 CWA 的无矛盾性。但是，就 Horn 子句（出现正文字至多一次的子句）的集合而言，它具备一种重要的性质，即：当前提 K 无矛盾时，CWA[K] 也无矛盾。Horn 子句的集合是被导入逻辑编程语言 PROLOG 的体系，具备该性质意义重大。

6.3 假设推理

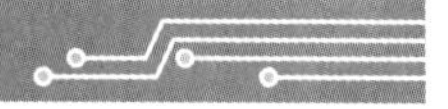

本节将对假设推理（hypothetical reasoning）展开阐述。假说的形成 - 验证循环存在于我们经常进行的问题解决的框架中，并被实际广泛应用于图像理解及音声理解等众多领域。假说推理主要着眼于假设的选择和利用，它是导入基于一阶谓语逻辑的演绎性的验证的框架结构。

这里，向大家展示在 Poole[12] 的 Theorist 上的形式化定义。

> **[定义 5]** 将现有的知识集合设为 K，假说集合设为 H，然后将表示观测所得事实的逻辑式设为 p。$K \not\vdash p$ 且 $K \cup \{h_i\} \vdash p$，但是 $K \cup \{h_i\}$ 无矛盾，发现满足以上条件的假设集合 $\{h_i\} \subseteq H$ 即假说推论。

一般来说，集合 $\{h_i\}$ 的最小性质也会放在这个框架中考虑。并且，集合 H 的要素多以基础文字作为对象。图 6.3 用图片形式向大家展示假设推理。

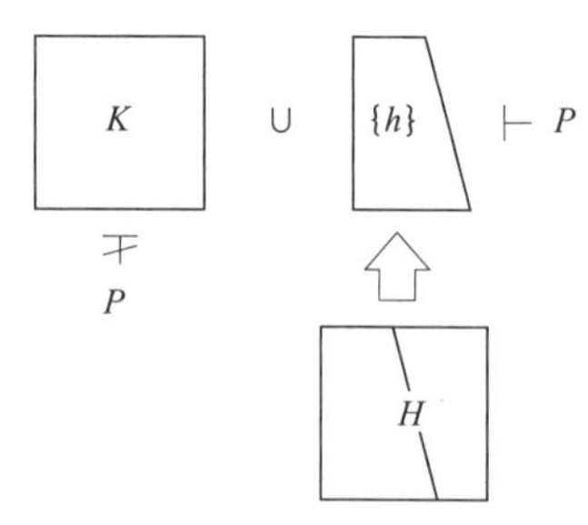

图 6.3　假设推理

[例 6] 思考下面的知识集合 K，假设集合 H。

K: $\forall x$ Bird(x) ∧ Weak(x) → ¬ Fly(x)

$\forall x$ Swallow(x) → Bird(x)

$\forall x$ Raven(x) → Bird(x)

$\forall x$ Injured(x) ∧ Female(x) → Weak(x)

$\forall x$ Chick(x) → Weak(x)

Swallow(Tweety), Raven(Veety), Emu(Sweety)

H: Injured(Tweety)，Female(Tweety)，Bird(Veety)，Chick(Sweety)，Female(Sweety)，Injured(Sweety)，Chick(Tweety)

这里，如果观测出 p = ¬ Fly(Tweety), 那么 $K \not\vdash p$。根据假说推理能够得到满足 $K \cup H_i \vdash p$,（i = 1,2）条件的两个集合：H_1 = {Injured(Tweety)，Female(Tweety)} 以及 H_2 = {Chick(Tweety)}。也就是说，假设“Tweety 受伤，是雌性”“Tweety 是雏鸟”，就能够说明“Tweety 不会飞”这样的事实，此处选择最小假说集合得到 H_2。

在假说推理的框架上需要注意“H 已知”这一点。假说推理与溯因相比，它没有发现、形成假设的过程，而是从既存假说集合中选择合适的部分集合，并定式化。因此，假说推理的框架可视作溯因的简略化。假说推理被应用于规划、判断等各种课题及领域中，其应用范围很广。

6.4 类推

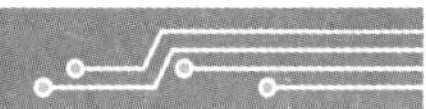

所谓类推（analogical reasoning），就是找到某个问题与其他问题之间结构的相似性并将解决过程模型化的推理[13]。其逻辑性结构如下所示：

首先，将目标对象设为目标 T，将基础对象设为基础 B。

$$T \sim B \text{ 且 } P(B)\text{，故推理出 } P(T)$$

这里，~ 表示基础与目标之间的对应关系，即类推，$P()$ 表示基础或者目标的性质。简言之，类推就是找到基础和目标的相似性，变换在基础上成立的事实，预测目标性质的推理。例如，“水星和金星相似”“因为水星上没有生物，所以金星上也没有生物”这样的推理就是类比。

此外，注重相似性的推论中，存在一种案例式推理（case based reasoning）（参看 7.5 节）。该推论的思路是将过去的事例等作为案例基础大量储备，从案例中检索并选取相似事例来处理当前发生问题。人们普遍认为它是一种以应用为目的，将类比系统化的推论。

6.5 贝叶斯网络

在经典逻辑学中，命题的真伪在确定性上是唯一的，基本不会出现随机性。与此相对，在与现实世界相关的推论中，从外界观测到的信息多具有不确定性（uncertainty），结果就是被推理命题的真伪也多具有不确定性。因此，在这种情况下，带有不确定性的推理十分必要。

贝叶斯网络（Bayesian network）运行带有不确定性的推理，是一种具备图表结构的图形式概率模型[14]。其构成要素通过将概率变量看作节点，将概率变量间的随机依赖关系看作有向链接的有向图表来表示，并在各个链接中，被给予了两个节点间的条件概率。例如，在贝叶斯网络中，将概率变量 X_i，X_j 之间的条件依赖性用 $X_i \to X_j$ 来表示。当父节点有 m 个的时候，若将子节点 X_j 的父节点集合设为 $A(X_j) = \{X^1_j, \cdots, X^m_j\}$，$X_j$ 和 $A(X_j)$ 之间的依存关系，就如下面的条件概率算式所示：

$$P(X_j|A(X_j)) = P(X_j|X^1_j, \cdots, X^m_j)$$

进而，如果将 n 个概率变量 $X_1, \cdots, X_n$ 的各个都看作是子节点来考虑的话，那么 $X_1, \cdots, X_n$ 的同时概率分布就如下式所示：

$$P(X_1, \cdots, X_n) = \prod_{j=1}^{n} P(X_j|A(X_j))$$

如此可知，利用有向图表，能够用图形表现概率变量节点和这些节点之间的依存关系。例如，“**下雨（概率变量 *R*）**的话，电车可能会**迟到（概率变量 *D*）**”“**周末及节假日（概率变量 *E*）**的话，电车可能会迟到”“电车迟到的话，上班可能会**迟到（概率变量 *C*）**”，将这些带有不确定性的依赖关系用贝叶斯网络来描述的话，就如图 6.4 所示。

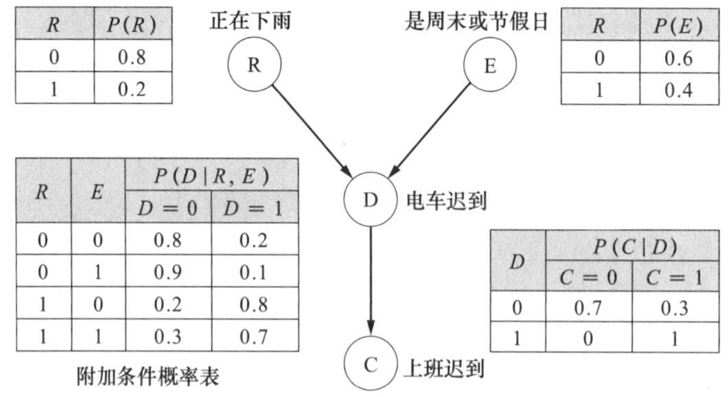

R	$P(R)$
0	0.8
1	0.2

R	$P(E)$
0	0.6
1	0.4

R	E	$P(D\|R,E)$	
		$D=0$	$D=1$
0	0	0.8	0.2
0	1	0.9	0.1
1	0	0.2	0.8
1	1	0.3	0.7

D	$P(C\|D)$	
	$C=0$	$C=1$
0	0.7	0.3
1	0	1

图 6.4　贝叶斯网络

在父节点和子节点之间，分派了一个条件概率表，用以表现这两个节点在条件概率上的依赖关系。例如，图 6.4 中的条件概率如下所示：

$$P(D=1|R=1,\ E=0)=0.8$$

下雨（R=1），且非周末节假日（E=0）的情况下，意味着有电车迟到（D=1）的概率。以弧连接且存在依存关系的父亲节点和它们的子节点之间，必须附加上这些作为前提知识的条件概率。即使是图 6.4 那样简单的贝叶斯网络，也必须附加相当复杂的条件概率表。尤其是，当概率变量的取得数值变大时，这些条件概率也会变得更加复杂。另一方面，图 6.4 中没有父节点的节点 R 和 E 的概率，意味着各事件的预先概率，一般来说，以环境观测得到的概率 1 决定数值，且传感器传感具有不确定性的情况下，最好再用贝叶斯网络记述这些传感器模型。

作为贝叶斯网络的优点，在概率模型上，通过计算有关各节点概率变量的概率分布，有可能实现概率推理。一般结构的贝叶斯网络的概率推理是很难的，推理手法也多种多样，这里仅就最基本方法加以说明。从概率推理的观点来看，贝叶斯网络的基本构造被称作单结合（singly connected）级别，它意味着在无向图表环境下没有闭路（环）的贝叶斯网络。

现在，我们以图 6.5 的单结合贝叶斯网络来说明概率推理。贝叶斯网络中的概率推理按照以下顺序进行：首先依次分派通过观测决定好的节点数值 $E_i=e_i, \cdots, E_k=e_k$，接着将预先概率分派给无父节点且没有决定数值的节点，然后计算概率变量 X 的事后概率 $P(X|E_i=e_i, \cdots, E_k=e_k)$。为了计算这个事后概率，通过被称为信念传播算法（belief propagation）的环节（即通过观测等确定的节点数值来传播概率的环节）来计算各节点的概率分布。

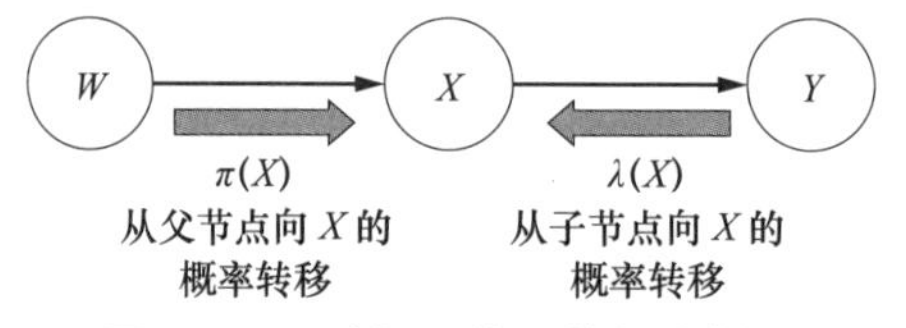

图 6.5　贝叶斯网络上的概率推理

在图 6.5 中，节点 X 包含了父节点 W 和子节点 Y。并且，W、Y 也能进一步包含父节点和子节点。父节点和子节点之间有依存关系，且被附加了条件概率表。这里，将在 X 的祖先节点观测而来的信息称作 e^+，将子孙节点的信息称作 e^-，将二者结合的信息称作 e。节点 X 的事后概率 $P(X|e)$，与贝叶斯定理和 e^+ 以及 e^- 是有条件独立的。据此，如式（6.1）所示。

这里，$\alpha = \dfrac{1}{P(e-|e+)}$ 是正规化常数。

$$P(X|e) = P(X|e^+,\ e^-) = \alpha P(e^-|X)P(X|e^+) \tag{6.1}$$

若将基于 e^+ 的父节点 W 向 X 传播的概率表示为 $P(X|e^+) = \pi(X)$，通过 X 的边缘化可得到算式（6.2）。这里，$P(X|W)$ 在条件概率表中是已有的，父节点 W 的 $P(X|e^+) = \pi(X)$ 能够使观测数值、预先概率或式（6.2）重新适用于那些父节点。

$$\pi(X) = \sum_{x} P(X|W)P(W|e^+) \tag{6.2}$$

另外，同样的思路，若将基于 e^- 的子节点 Y 向 X 传播的概率表示为 $P(e^-|X) = \lambda(X)$，可得到式（6.3）。

$$\lambda(X) = \sum_{Y} P(e^-|Y)P(Y|X) \tag{6.3}$$

这里，$P(Y|X)$ 在条件概率表中是已有的，子节点 Y 的 $P(e^-|Y) = \lambda(Y)$ 要求将算式（6.3）重新适用于子节点。结果就是，将式（6.2）、式（6.3）代入式（6.1）中，求 $P(X|e)$。并且，同样的，通过以下算式能够计算出任意节点的事后概率。

$$P(X|e) = \alpha\pi(X)\lambda(X)$$

在单结合的贝叶斯网络中，若父节点和子节点数量众多，计算会变得极其复杂，信念传播的基本思路也是如此。

在单结合的贝叶斯网络中，简单高速的概率计算是可能存在的，但是除此之外还存在一种复结合（multiply connected），也就是说在无向有环的贝叶斯网络中，概率计算会变得复杂，计算成本也会增加，这一点众所周知。能够预先变换成单结合的树状结构图表，然后再利用高精度计算方法或各种采样手法的近似解法便是其计算方法。

贝叶斯网络可进行诊断故障，也可进行诸如机器人环境认知等基于传感器观测的推论，换言之，贝叶斯网络是一种能够忠实表达那些在噪声等影响所带来的不确定性无可避免情况下的知识，并进一步进行推理的工具。

并且，用人工来决定所有链接的条件概率非常困难，尤其是在链接参数和概率变量的数值增加时。若能得到两个节点间的概率变量数值全部组合相关的数据，通过极大似然估计法，是能够简单计算出条件概率的，但通常并非如此。

另一方面，若贝叶斯网络的图表结构自身变得复杂的话，那么人类在其构成方面也会有众多为难之处。因此，应持续推进对贝叶斯网络结构的学习及研究。基本方法就是将某种信息量标准看作评价函数，一边在贪心算法上一点点地变换图表，一边寻找局部最适合的图表结构。当然，该方法无法保证能够找到最合适的图表结构。

习题

1. 列举人们在日常生活中进行的具体推理（问题解决）的例子（考试解答、推进研究方案、预测赛马结果、预测汇率等），回答演绎、归纳、溯因和它们之间的关系。

2. 试举出即使以一阶谓词逻辑表现例 1 的知识，也无法得出“Leo 不会飞”“Tweety 会飞”结论的情况。

3. 列举出在缺省逻辑中，扩张不存在时的缺省理论。

4. 进一步明确例 3 中的限界。

5. 如何用默认规则表现封闭世界假设？

6. 当由 Horn 节集合形成的前提 K 是无矛盾时，CWA[K] 也是无矛盾的。试举出与之相符的实例。

7. 思考要求假设推理上的知识和假设集合的无矛盾性的原因。

8. 根据类推得出正确结论的条件是一定的吗？

9. 试结合身边事例，架构一个单结合的贝叶斯网络，并赋予其条件概率表。

参考文献

[1] 井上克己，“アブダクションの原理”，人工知能学会誌，Vol.7, No.1, pp.48-59, 1992.

[2] E.Y.Shapiro, “Inductive Inference of Theories from Facts”, Research Report 192, Dept. Computer Science, Yale Univ., 1981. 有川 訳，「知識の帰納的推論」，共立出版，1986.

[3] S.Muggleton, “Inductive Logic Programming”, Academic Press, 1992.

[4] 馬場口 登，“非単調推論”，日本ファジィ学会誌，Vol.4, No.4, pp.608-619, 1992.

[5] R.Reiter, “A Logic for Default Reasoning”, Artificial Intelligence, Vol.13, No.1/2,pp.81-132, 1980.

[6] J.McCarthy, “Circumscription – A Form of Non-monotonic Reasoning”, Artificial Intelligence, Vol.13, No.1/2,pp.27-39, 1980.

[7] J.McCarthy, “Applications of Circumscription to Formalizing Commonsense Knowledge”, Artificial Intelligence, Vol.28, No.1, pp.89-116, 1986.

[8] V.Lifschitz, “Computing Circumscription”, Proceedings of 9th International Joint Conference on Artificial Intelligence, pp.127-127, 1985.

[9] R.C.Moore, “Semantical Considerations on Nonmonotonic Logic”, Artificial Intelligence, Vol.25, No.1,pp.75-94, 1985.

[10] K.Konolige, “On the Relation Between Default Theories and Autoepistemic Logic”, Proceedings of 10th International Joint Conference on Artificial Intelligence, pp.394-401, 1987.

[11] R.Reiter, "On Closed World Data Bases", in H.Gaillaire and J.Minker eds., *Logic and Data Bases*, Plenum Press, 1979.

[12] D.Poole, "A Logical Framework for Default Reasoning", Artificial Intelligence, Vol.36, No.1,pp.27-47, 1988.

[13] 原口 誠，有川 節夫，"類推の定式化とその実現"，人工知能学会誌，Vol.1, No.1, pp.132-139, 1986.

[14] 本村 陽一，佐藤 泰介，"ベイジアンネットワーク：不確定性のモデリング技術"，人工知能学会誌，Vol.15, No.4, pp.575-582, 2000.

第 7 章
机器学习

人类具有一种**学习能力**，在解决和过去相似的问题时，可以根据以前的经验很好地予以解决。以让计算机系统拥有这种学习能力为目的的研究，被称为**机器学习**（machine learning）。机器学习一般分为以下几类：归纳学习（inductive learning）、演绎学习（deductive learning）、类比学习（learning by analogy）、强化学习（reinforcement learning）。下面对各类学习进行简单说明。

□ **归纳学习**（inductive learning）：由教师或外界提供某概念的实例（或反例），（学生）以此为基础，通过进行泛化学习，归纳得出抽象的概念描述。假定教师可以判断某个实例是否为应该学习的概念实例。

□ **演绎学习**（deductive learning）：学习者已掌握知识，并通过这些知识的演绎从中得出概念。具体来说，就是以现有知识为保障的泛化学习。将抽象的、不能高效利用的概念描述，转换为可高效利用的概念描述。这种**基于解释的学习**，就是典型的演绎学习。

□ **发现学习**（learning by discovery）：从数值等大量数据中，推导出概念或法则。但是，这种学习方法没有教师提供目标概念，学习者需要自己得出有效概念。自然科学中定律的发现就是典型案例。

□ **类比学习**（learning by analogy）：和归纳学习不同，类比学习不是从具体实例中学习概念，而是从现有的概念中找到与目前需要的概念类似的东西，加以修改转换为新的概念进行学习。比如说，可以通过类比从管道中水流的概念，学习到电路的电流概念。参考 6.4 节。

□ **强化学习**（reinforcement learning）：智能体在学习过程中通过对环境发出行为所获回报以达成回报最大化的行为策略。这种学习方法的目标并非是发出行为后立即得到回报，而是谋求在没有环境模型这一制约下进行学习。

□ **概念形成**（concept formation）：根据由属性和属性值组成的示例序列，自动进行分类[4][5][8]。完全不使用教师给出的训练样例所属类别信息。

□ **统计机器学习**（statistical machine learning）：结合以数据挖掘为主的海量数据，利用统计手法进行分类或聚类的机器学习。

本章首先介绍了策略**变形空间法**，即符号表现为对象的**归纳学习**的运行策略，以及**基于解释的学习**，即演绎学习。接着，依次说明了作为决策树归纳学习算法的 ID3、强化学习基础的 **Q 学习**以及**桶队算法**。最后，还涉及了与统计机器学习以及数据挖掘相关的邻近

（Nearest Neighbor）算法、支持向量机、相关规则学习、聚类算法等。

7.1　归纳学习

机器学习中，大部分研究都是关于**概念学习**（concept learning）的。概念学习就是学习所给实例是否属于某一**概念**（concept）的判断基础。本章节主要介绍的是人工智能的概念学习中最常见的策略——**符号学习**（learning by symbol）。符号学习就是学习用谓词、词组等符号来表示概念。此外，作为非符号学习，统计机器学习[1]也是相当具有代表性的。如：以节点间的相互连接来表示概念的神经网络学习以及后文叙述到的支持向量机等。

7.1.1　假设空间的探索

在归纳学习中，将要学习的概念（称为**目标概念**（target concept））实例提供给学习系统，学习系统以此为线索进行概念学习。

这种基于教师给予的实例进行的学习被称为**示例学习**（learning from examples）。一般来说，在示例学习中，会向系统提供应该学习的概念中所覆盖的**正例**（positive example）和被其排除在外的**反例**（negative example）。正例和反例合起来称**训练样例**（training example）。比如说，在"人类"这一概念中，"山田先生""史密斯先生"等一个个人类个体是正例，"桌子""狗"等就是反例。在统计学习中，一般将正例、反例、训练实例称为正数据、反数据、训练数据。

另外，还提供了描述目标概念的表现框架，系统可处理的所有概念都用此表现来描述。用逻辑表现和符号来描述某个概念的行为，叫作**概念描述**（concept description）。学习系统可以利用概念描述来判断所提供的实例是否包含在目标概念中。

概念描述空间，是针对训练样例自身，根据**泛化规则**[9]的再利用而构成的。此处包含的概念描述是假设的目标概念，因此这个空间被称为**假设空间**（hypothesis space）。学习系统的目的，是在假设空间中，探索覆盖所有正例并排除所有反例的概念描述。但是，训练样例可能会存在噪声，也就是可能会出现正反例误用的训练实例。在这种情况下的探索要尽可能多的覆盖正例，尽力排除反例。

下面是泛化规则的例子。

□ **条件删除规则：**通过删除联词的表达以实现泛化。

□ **概念树上升规则：**利用提前给出的表示概念上 - 下关系的**概念树**（concept tree），如图 7.1 所示，实现概念由下到上的泛化。

图 7.2 所示为一个假设空间的示例。将几个泛化规则应用到了训练样例"所属（国立大学）∧年级（4）∧性别（男）"中，意思是"国立大学 4 年级的男生"。在图中，越往上，概念越泛化。此外，使用了图 7.1 概念树。而图 7.2 只是假设空间的一部分，将哪一类泛化规则以何种顺序适用于什么谓词，据此可以构成其他各种各样的假设空间。这样构成的假设空间，就是一个概念描述从一般 - 特殊的阶梯构造。

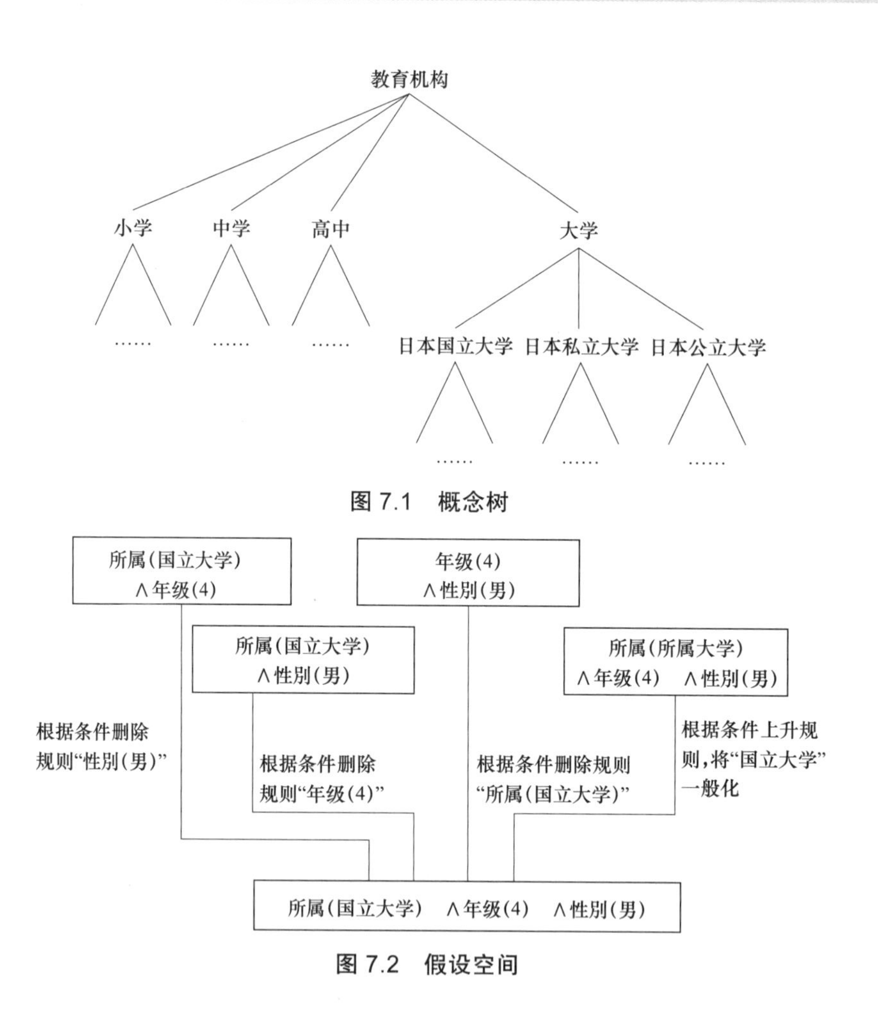

图 7.1 概念树

图 7.2 假设空间

7.1.2 变形空间法

归纳学习的代表性策略是**变形空间法**（version space method）[10]。

初始描述，是不加任何条件的空描述，也就是覆盖所有训练样例的概念描述。最特殊的概念描述就是训练样例本身。目标概念存在于这个规则空间的某处，其存在范围，可以通过训练样例缩小。**变形空间**（version space）就是某个假设空间，表示目标概念存在的可能性。用逻辑关系来表示最泛化概念描述的集合 G 和最特化概念描述的集合 S。

图 7.3 所示为一个假设空间和其包含的变形空间。在提供训练样例之前的初始阶段，由于假设空间中的所有概念描述都被视为候选目标概念，因此变形空间就是以最大三角形表示的假设空间。而随着训练实例的提供，变形空间逐渐缩小。如果提供的是正例，那么不包含这些正例的概念描述就是错误的，将从变形空间中去除。如果提供的是反例，那就是将包含这些负例的概念描述从变形空间中去除。这样一来，S 和 G 之间的变形空间根据训练样例逐渐缩小，如果提供的训练样例足够充分，最终 $S = G$，目标概念得以确定。

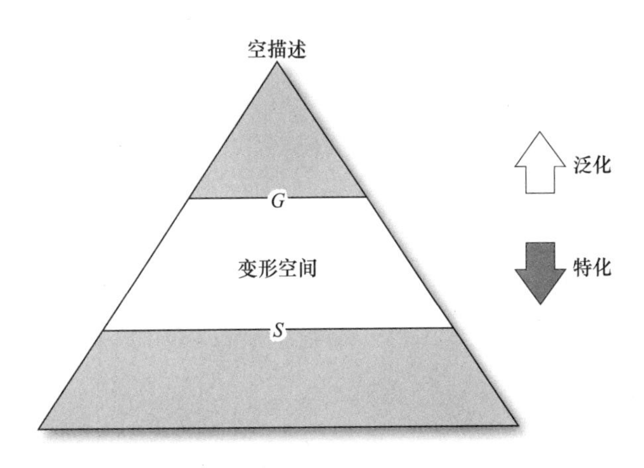

图 7.3　假设空间和变形空间

候选消除算法

变形空间法是通过如下的**候选消除算法**（candidate-elimination algorithm）[10] 实现的。

第 1 步：初始化变形空间 $H=(G, S)$，如下所示。

G：和初始正例一致的最一般的描述集合

S：和初始正例一致的最特殊的描述集合

第 2 步：取一个新的训练样例 E，进行如下操作。

（Update-S）如 E 为正例：从 G 中移去所有不覆盖 E 的概念描述，将覆盖 E 的 S 最小限度泛化。

（Update-G）如 E 为反例：从 S 中移去所有覆盖 E 的概念描述，将不覆盖 E 的 G 最小限度特化。

第 3 步：直到 S（或 G）成为单一要素且 $G=S$，就重复第 2 步。

第 4 步：$G(=S)$ 就是目标概念。

下面用一个具体实例来说明这一算法的操作。在这里，要学习的目标概念是“日本人”。学习的具体操作有泛化的概念描述，即“黑发有日本国籍的人”也好，“棕发有日本国籍的人”也好，都可以断定为“日本人”。也有特化的概念描述，如“所有人都是日本人”这种过度泛化的描述。概念描述，将“国籍”与“发色”这两项内容表现为（国籍，发色）。

两个自变量“国籍”和“发色”取值范围分别为{美国，日本}、{黑，棕，金}。此时，可得到的所有样例为：美国∧黑、美国∧棕、美国∧金、日本∧黑、日本∧棕、日本∧金。根据条件删除规则得出的假设空间，如图 7.4 所示。ANY 表示任意“人”。首先，提供正例“日本∧黑”（黑发有日本国籍的人），根据第 1 步变形空间发生如下初始化，如图 7.5 所示。

$$G=\{\text{ANY}\}\ S=\{\text{日本}\wedge\text{黑}\}$$

接下来，提供反例“美国∧金”（金发有美国国籍的人），根据 Update-G 变形空间进行了如下更新，如图 7.6 所示。此时将 G 最小限度特化，所以 $G\neq\{\text{日本}\wedge\text{黑}\}$。

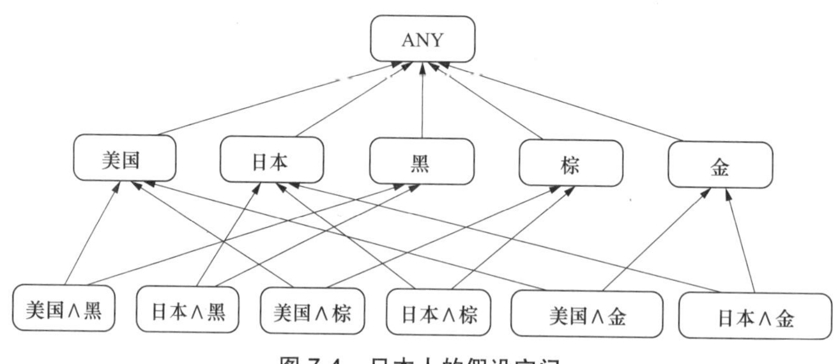

图 7.4　日本人的假设空间

最后，提供正例“日本∧棕”（棕发有日本国籍的人），实施 Update-S。首先，从 G 中移去不包含此例的“黑”，将 S 最小限度泛化，得到如下变形空间。

$$G = \{ 日本 \} \ S = \{ 日本 \}$$

这个 S 和 G，满足了第 3 步的条件，输出目标概念“日本”。

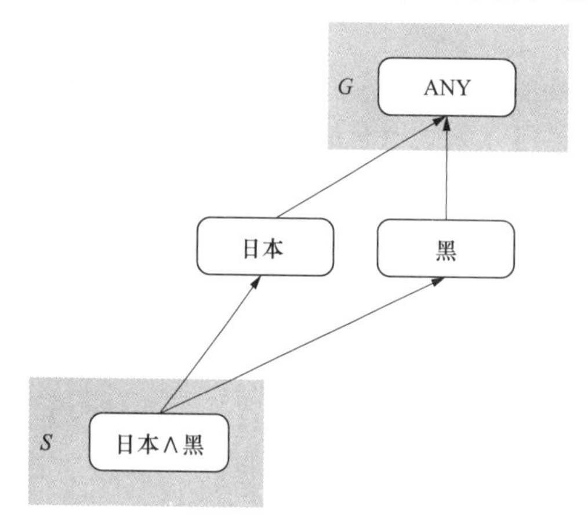

图 7.5　根据正例更新后的变形空间

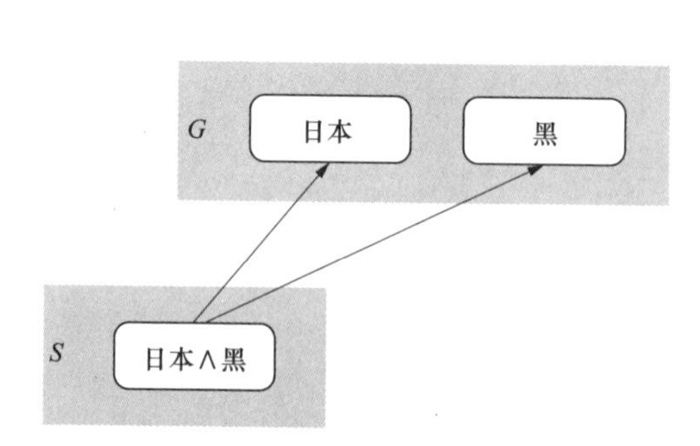

图 7.6　根据反例更新后的变形空间

由于集合 G 和 S 可分别解释为目标概念的必要条件和充分条件，因此，变形空间法可以说是一种探索，通过训练样例对这些条件进行提炼，最后找到目标概念必要充分条件。另外，虽然在上述简单的示例中没有问题，但在现实问题中，由于探索空间过大，找到目标概念需要花费很多时间。对此，要利用被称为偏置（算法）的启发式探索进行排除。

7.1.3　偏置

在归纳学习中，偏置（bias）[14][18] 指的是“从海量概念描述中查找目标概念时使用的启发式探索知识”。这种偏置并不普遍，但却是我们在进行归纳学习时必须使用的算法。下面举一个简单的例子 [14]。

现在，教师给出了如下有序数对，正反例各一个。那么，大家可以从中学到什么概念呢？

□（1，2）是一个正例；

□（−1，−2）是一个反例。

恐怕有很多人会从上述两个样例中学到“（连续的）正整数对”的概念。但是，仅上述两个样例的话，还能想到很多其他与之不矛盾的概念。如下所示。

□ 第一元素小于第二元素的整数对；

□ 和为正数的整数对；

□ 和为 3 的整数对；

□ 和大于 2 的整数对；

□ 第一元素为正的整数对；

□ 第一元素为 1 的整数对；

□ 第二元素为正的整数对；

□ 第二元素为 2 的整数对。

当然，除此之外还可以想到很多概念。但是，我们往往会坚持“连续性的正整数对”这一概念，而它不过是众多候选概念之一。这就是偏置。偏置就是“偏见”，我们可以通过这种偏见进行高效的学习。另一方面，也有可能因臆断而陷入误解。

要想构筑机器学习系统，设计人员必须将这种偏置纳入系统。但是，这一操作和获得专家系统知识一样困难。也就是说人们在上述例子中使用的偏置，有时难以用形式描述。

更大的问题是，偏置的语境依赖性。也就是说，随着语境变化，偏置也会发生动态变化。就像上述例子，将提供的数字作为训练样例学习时，其数字表示的是“年龄”，是“价格”，还是“身高”？语境不同，就需要不同的偏置，这应该很好理解。这样一来，即使在相对较窄的领域，根据情况偏置有可能发生变化 [9]。因此，发现普遍有效的偏置是很难的。

7.2　基于解释的学习（EBL）

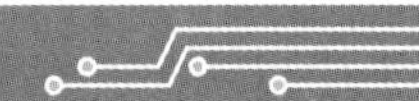

我们在学习某个概念时，很少有像上节中的归纳学习那样，由教师向学生提供大量训练实例的情况。多数情况下，是根据一个范例，自行解释为何该例符合目标概念正例，或者通过解释将此实例泛化。这种学习方法是通过机器学习实现的，是一种**基于解释的学习**（Explanation-Based Learning，EBL）。在 EBL 中，除去概念描述中不参与解释的部分，在可解释范围内进行变量化，以此来实现泛化。因此，能够通过一个正例高效地学习目标概念。此外，还存在高效学习（speed-up learning）的一面，EBL 将泛化解释的多个规则序列集中在一起留下一个宏操作符，如果再次出现与已经解释过的问题相同类别的问题，就可以更有效地予以解决。接下去将分析 EBL 的一个方法，**基于解释的泛化**（Explanation-Based Generalization，EBG）[11][3]。

7.2.1 基于解释的泛化（EBG）

EBG的构成如下所示。此处我们采用**Horn子句**（Horn clause）来表达。$A \leftarrow B \land C$这一Horn子句的意思是“当B和C成立时，A也成立”。A被称为**子句头**（head），$B \land C$被称为子**句体**（body）。此外，**事实子句**（fact clause）表示只有子句体的Horn子句，**规则子句**（rule clause）表示只有子句头的Horn子句。以下框架，表示用概念描述解决问题。

<输入>

☐ **目标概念**（target concept）：将要学习的目标概念作为子句头的规则子句。

☐ **训练样例**（training example）：目标概念的正例，和归纳学习的正例相同。用事实子句组成的逻辑式表达。

☐ **领域理论**（domain theory）：用于逻辑证明生成解释的必备知识。用事实子句和规则子句描述。表示在解释过程中使用的概念。

☐ **操作性准则**（operationality criterion）：满足概念描述的所有准则。

<输出>

☐ **可操作概念描述**：满足操作性准则的目标概念描述。

<程序>

（1）生成解释；

（2）泛化；

（3）宏化。

输入过程中难以理解的是操作性准则。操作性指的是“用所学的概念描述解决问题的效率程度”。如果用概念描述A进行演绎，效率比概念描述B高，那么我们就说A的操作性比B高。为了提高操作性，概念描述需要满足一些条件，我们称之为操作性准则。在EBL中，虽然在学习前也能通过领域理论来识别正例反例，但当时的目标概念描述操作性低，而学习后的概念描述操作性有所提高，因此成为可操作（operational）。此外，常用可用于目标概念主体的谓词集合来描述操作性准则。

下面我们举一个学习目标概念“椅子”的例子来说明EBG。其输入过程如下所示。

☐ **训练样例（正例）**：颜色（白）∧高（40）∧底面积（800）

☐ **目标概念**：椅子←可坐∧稳定 （1）

☐ **领域理论**：

可坐—高（H）∧范围（30，H，60） （2）

稳定—底面积（S）∧范围（600，S，900） （3）

范围（A，X，B）— $A < X \land X < B$ （4）

☐ **操作性准则**：目标概念的主体必须用事实子句（包括不等式）。也就是说，当目标概念为$A \leftarrow B \land \cdots \land C$时，$B$，…，$C$必须都是事实子句。

以上是EBG的输入，接下来将用其进行如下操作[11]：

（1）生成解释

首先，利用训练样例和领域理论，将目标概念视为**目标子句**（goal clause），制作证明树（proof tree）。证明树是指以事实子句或规则子句主体的谓词为节点、以规则节为方块的树状结构，表现了一个目标子句是如何被证明的。在 EBL 中，将这个证明树称为解释（explanation）。虽然通过定理证明可以自动得到解释，但在 EBL 中，未必假设由学习系统本身生成解释，也可以从外部给予（解释）。此例中，可得到图 7.7 所示的解释。图 7.7 中，方框里的是训练样例，连接处的序号表示其适用规则。与目标概念无关的谓词“颜色”不参与解释，因此从概念描述中去除。

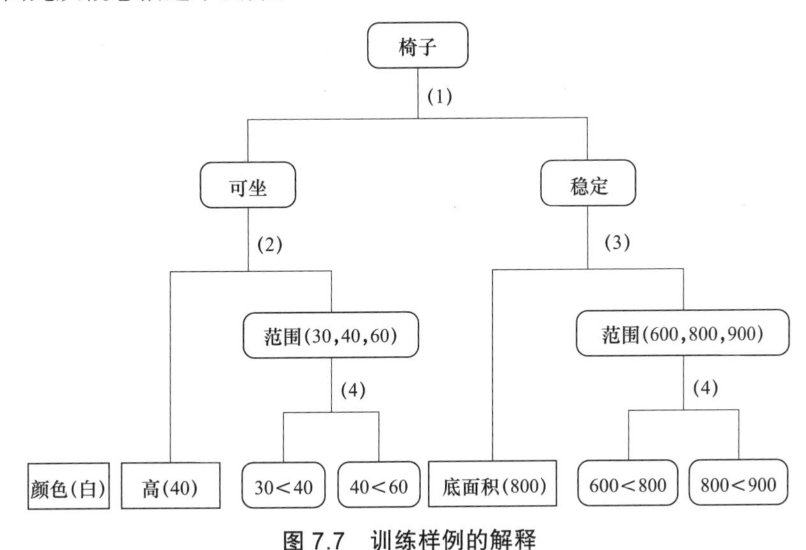

图 7.7　训练样例的解释

（2）泛化

将得到的解释通过如下操作，实现泛化：

① 使用用于生成解释的领域理论的规则子句，对目标概念进行再回归重构解释。

② 从解释中去除根部是满足操作性准则谓词的部分树状结构。

③ 将构成规则子句的谓词自变量单一化（unification）。

此处重要的是，对不同解释的部分树状结构进行泛化，得到的泛化结果也不同。对图 7.1 进行①的操作，得到的重构解释如图 7.8 所示。根据用事实子句描述的操作性准则，对图 7.8 中解释树的树状结构的叶（粗框的节点）进行消除，使虚线上下对应的自变量单一化。泛化后的解释如图 7.9 所示。

（3）宏化

最后生成概念描述。概念描述的头就是泛化后解释的根，主体变成了满足操作性准则谓词（此处是解释树的树叶）的连句。而如果所有树叶都是真，就一定可以通过领域理论证明中间假设。宏化就是试图通过去除中间假设，提高效率的算法。因此，可以得到如下目标概念描述。

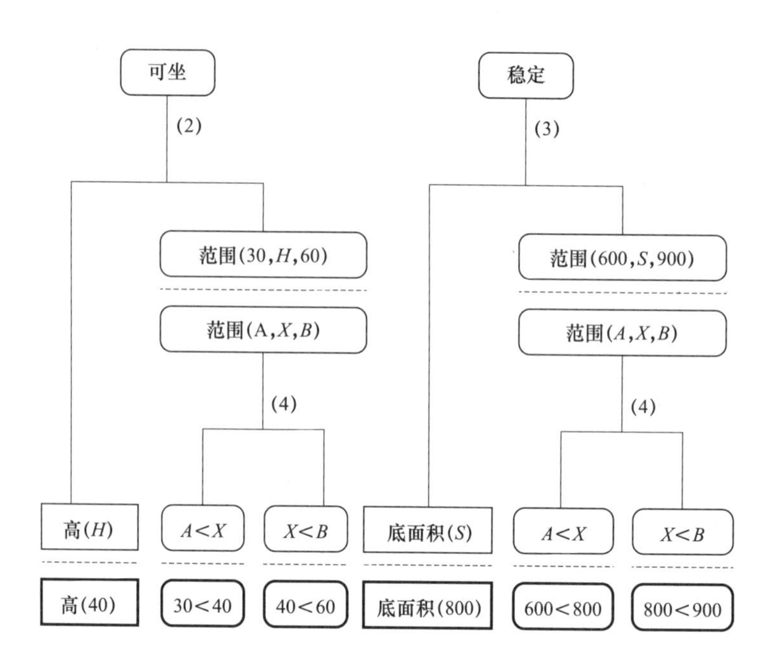

图 7.8　通过领域理论解释

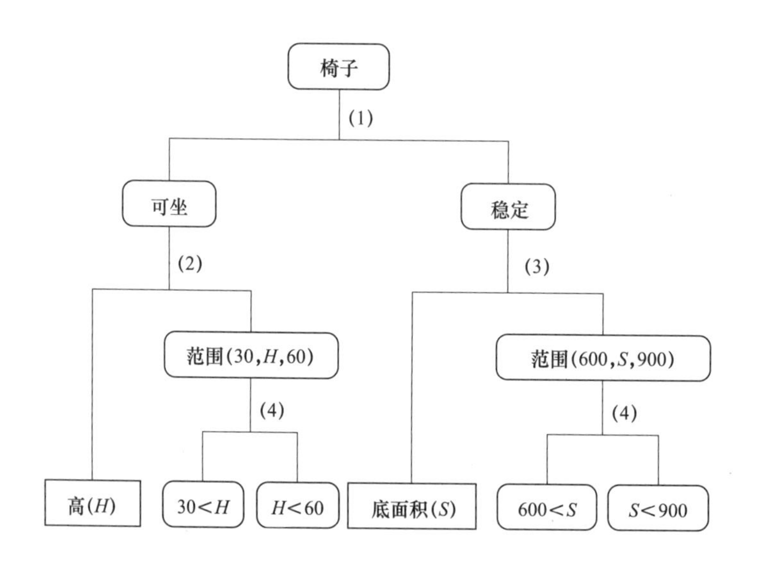

图 7.9　泛化后的解释

椅子←高（H）$\wedge$ $30 < H$ $\wedge$ $H < 60$ $\wedge$ 底面积（S）$\wedge$ $600 < S$ $\wedge$ $S < 900$

在 EBG 中，如何设定操作性准则是一个问题。比如：在“椅子”一例中，切断“坚固”和“材质（木头）”之间的解释并进行泛化和宏化，就能得到金属材质也能适用这一更加泛化的概念描述。

7.2.2　宏操作符学习系统

以上对 EBL 如何获得概念描述进行了说明。但是，在实际的学习系统中，必须用这样获得的概念描述来解决问题。因此，如何区别使用学到的概念描述（宏操作符）和已有的领域理论是一个问题。通常来说，学到的宏操作符要优先于领域理论使用。否则，学习宏操作符就没有意义了。

图 7.10 表示了基本的宏操作符学习系统的构成。EBL 可以通过一个训练样例（正例）来学习一个概念描述，但是如果要学习多个概念描述，还需要多个训练样例。宏操作符学习不仅可以解决一个问题，也可以解决多个问题组成的系列，并使问题解决逐渐高效化。首先，赋予问题解决系统训练样例。接下来，问题解决系统会先尝试用学到的宏操作符来解决这个问题。如果用宏操作符可以解决，就不用进行学习，直接赋予其下一个训练样例。如果，宏操作符不能解决，接下来问题解决系统会使用领域理论来解决。赋予宏操作符学习和 EBL 的问题是以用领域理论可以解决为前提的，因此，可以解决问题，宏操作符将这一解决过程（解释）纳入 EBL 学习系统进行新的学习，并存入知识库。

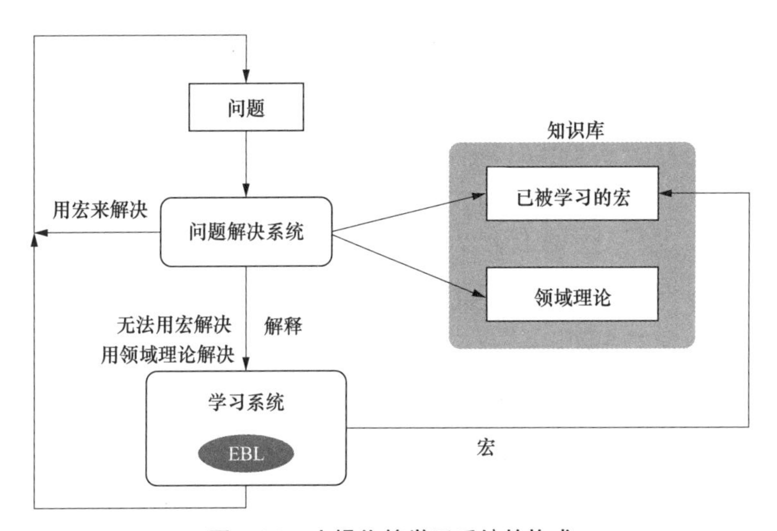

图 7.10　宏操作符学习系统的构成

7.3　决策树的归纳学习

将对象的属性值及其所属类别（集合）的数据对，分类到各自的集合，会自动生成**决策树**（dicision tree）。这就是通过决策树进行分类学习。决策树就是一个树状结构：中间节点（非叶节点）表示应检验的**属性**（attribute）；树枝表示其**属性值**（attribute value）；叶节点表示类别。其中，中间节点、叶节点又分别称为识别节点和类别节点。举个例子，表示相亲对象属性值的表 7.1，可制成如图 7.11 所示的决策树，能完全识别数据。一般情况下，即使数据大量增加，决策树也不会变得很大，因此决策树是紧凑的学习方法。

表 7.1　属性与属性值

身高	收入	学历	类别
低	普通	高	+
高	少	低	−
高	少	高	−
高	多	高	+
低	少	高	−
高	多	普通	+
低	普通	普通	−
高	普通	普通	−

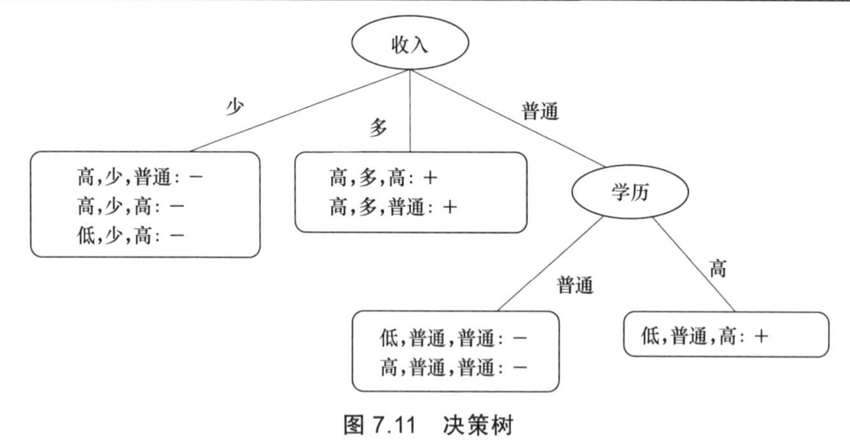

图 7.11　决策树

1. 通过 ID3 算法构造决策树

决策树可将数据分到正确的类别，下面介绍一下其构造法。接下来介绍的是决策树分类学习系统的代表性算法 ID3[13]。ID3 从空的决策树开始，通过不断增加节点，逐渐精化决策树，直到将所有数据全都正确分类。这里需要注意的是，将数据正确分类的决策树不止一个。在这种情况下，需要考虑到分类的效率和决策树的一般性，目的是构造最简单的决策树。ID3 就是基于信息理论来构造这类决策树的。

在 ID3 中，首先输入根节点，也就是所有数据的集合 C，然后使用如下算法。

2. 决策树构造算法

第 1 步：如果集合 C 中的所有数据属于同一类别，那么就构造该集合节点，算法结束。如果不是同一类别，那么就根据属性的选择基准划分出属性 A，构造识别节点。

第 2 步：根据属性 A 的属性值，将 C 划分为子集 C_1，C_2，…，C_n，构造节点，延伸属性值的枝干。

第 3 步：用这个算法对每一个节点 C_i（$1 \leqslant i \leqslant n$）进行同样的处理。

为了构造最简单的决策树，第 1 步中的属性选择基准很重要，而 ID3 的目标是利用信息理论基准在分类时尽量减少测试次数。首先，决定树通过提问分类将数据集合分割成更随机的小集合。因此，利用作为测定随机度基准之一的**信息量**（熵，单位为 bit），在第 1 步中选择最能减少随机度的问题是有效的。

假设只有 + 和 − 两个类别，将其信息先验概率分别设为 p^+ 和 p^-，那么其信息期望值则为 $-p^+\log2p^+-p^-\log2p^-$。

而且，这些概率与属于其类别的数据比例相近。

现将数据集合 C 的决策树信息期望值设为 $M(C)$，接下来选择需要测验的属性 A，将 A 作为树根构造出的部分决策树如图 7.12 所示。属性 A 的值 a_i（$1 \leqslant i \leqslant n$）是互相排斥的，因此，测验属性 A 时的信息期望值 $B(C, A)$ 为

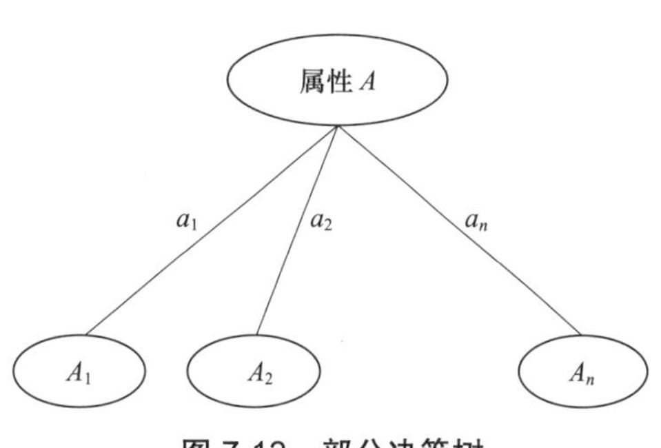

图 7.12　部分决策树

$$B(C, A)=\sum_i（属性 A 取值 a_i 的概率）\times M(a_i)$$

我们希望选定的测试属性能减少最多的信息量，即选择 $M(C)-B(C, A)$ 为最大值的属性 A。例如，计算表 7.1 时，因为属于 + 类和 − 类的数据分别是 3 和 5，所以 $p^+=\frac{3}{8}$，$p^-=\frac{5}{8}$，$M(C)$ 如下所示。

$$M(C)=-\frac{3}{8}\log_2\frac{3}{8}-\frac{5}{8}\log_2\frac{5}{8}=0.954\text{bit}$$

选取属性“身高”进行测验的话，结果如图 7.13 所示。将值进一步分类为“高”或“矮”时，其各自的信息量如下所示。

高：$-\frac{2}{5}\log_2\frac{2}{5}-\frac{3}{5}\log_2\frac{3}{5}=0.971\text{bit}$

低：$-\frac{1}{3}\log_2\frac{1}{3}-\frac{2}{3}\log_2\frac{2}{3}=0.919\text{bit}$

因此，根据属性“身高”得到的期望值如下所示。

B（C，身高）=（“身高”为高的概率）× M（高）+（“身高”为低的概率）× M（低）

$$=\frac{5}{8}\times 0.971+\frac{3}{8}\times 0.919=0.952\text{bit}$$

得出 $M(C)-B$（C，身高）$=0.954-0.952=0.002\text{bit}$

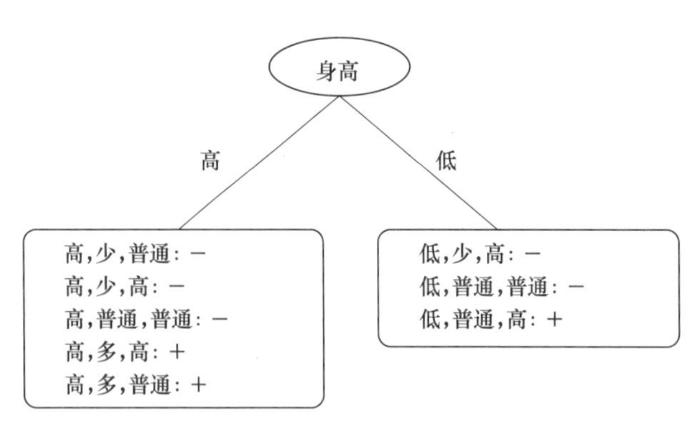

图 7.13　基于“身高”的决策树

即使属性为“收入”“学历”等，计算方法也是相同的。可得出 $M(C)-B(C,$ 收入$)=$ 0.61bit，$M(C)-B(C,$ 学历$)=-0.11$bit。由此可知选择“收入”这一属性是最合适的。接下来，就是通过重复这些操作，得出完整的决策树。

此外，ID3 的众多改良版在不断形成。此处，我们计算的前提是所有数据都会被正确无误地分类。但现实中，可能多少会有错误的数据，也就是存在噪声的情况，其应对体系[12]正在研究之中。也有课题在研究增量（incremental）决策树的修正[15]，即不一次性赋予所有数据，而是一点点提供数据进行学习。

7.4　强化学习

此前我们介绍的机器学习，是由教师直接提供覆盖某一概念的正例和不覆盖这一概念的反例。但是，通常的学习，多数情况下是没有这样的教师的。例如，老鼠的迷路学习。从起点出发的老鼠，必须学习能够到达目的地——目标食物的路线。为此，它有必要学习在此途中遇到分岔口时应该选择哪条路。但是，老鼠得到的学习信息，不是教师直接提供的在各个分岔口应该走哪条路的信息，而是在分岔口反复试验后偶然到达目的地时被给予的食物。在各分岔口做出的道路选择只有在到达食物目的地时才开始进行评价，也就是说评价时间会有所延迟。这种基于延迟评价的学习机制，称之为**强化学习**（reinforcement learning）。

强化学习常用的机制如图 7.14 所示。赋予学习主体智能体描述环境**状态**（state）与能执行的**动作**（action）的序对（规则）集合。而且，每个规则都带有**评价值**（credit），表明其有效程度。首先，根据来自环境的信息确认自己现在的状态。并且，选择可能适用于此状态的候选规则。接下来，在候选规则中选择一个合适的规则，对环境执行切实的动作。这个规则的选择，称为**动作选择**（action selection），有根据评价值的比较概率进行选择等方法，来选择评价值最高的规则。执行动作，有时会从环境得到**回报**（reward）。而且，可以结合得到的回报和执行的动作，通过强化规则集合的规则进行学习。事实上，规则上分有评价值，通过更新该值将得到强化。而智能体则反复进行这一循环。

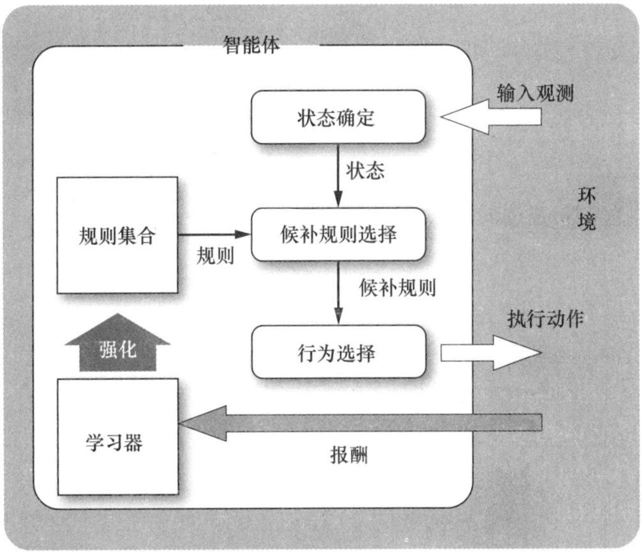

图 7.14　强化学习机制

学习的目的是强化以最少成本获得高回报的动作。在之前的老鼠学习中，各分岔口就是状态，向分岔路前进对应的是动作，当然，食物就是回报。然而，在强化学习的研究中，不是每次执行动作都能得到回报（延迟评价），这种情况下，经常用概率论而非决定论来处理进一步执行动作时的状态。

7.4.1　Q 学习

强化学习具有理论基础，其代表性算法是 **Q 学习**（Q-learning）[16]。在 Q 学习中，将上述强化学习对象问题处理为**马尔可夫决策过程**（Markov Decision Process）。在马尔可夫决策过程中，状态为集合 s，各个状态可执行的动作为集合 a，s 执行动作 a 后转变为下一状态 s' 的状态迁移概率为 $Pr(s, a, s')$，状态 s 执行行为 a 得到的回报为 $r(s, a)$。

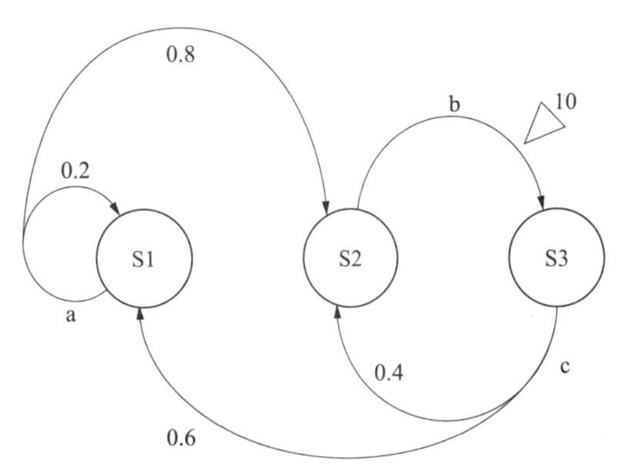

图 7.15　马尔可夫决策过程

马尔可夫决策过程，可以用如图 7.15 的状态迁移图来表示。在图中，节点表示状态，弧线表示动作，有分支的弧线表明一个动作可以附带多个状态迁移。此外，△表示所得回报值的转变。在马尔可夫决策过程中，假设状态迁移概率只依赖于现在的状态 s，与之前所处的状态无关（马尔可夫性）以及状态迁移概率不随时间而变化（稳定性）。

从各个状态到动作的映射称为策略（policy）。s 根据策略 π 执行动作在将来可能会得到回报，对此回报进行折算得到折算期望回报 V，用 V 对策略 π 下的状态 s 进行评价。此时，V 满足下列式子。

$$V(s, \pi) = r(s, \pi(s)) + \gamma \sum_{s'} P(s, \pi(s), s')V(s', \pi) \tag{7.1}$$

上述算式中，$\pi(s)$ 表示状态 s 根据策略 π 选择的动作。此外，$\gamma(0 \leqslant \gamma \leqslant 1)$ 是折算率，用于确定未来回报的折算比例。虽然在执行各动作后可以立即获得回报 $r(s, \pi(s))$，但强化学习的特征是延迟评价，在这种情况下，也可以设定为只有完成目标才能获得回报。在各状态 s 下，使折算期望回报 V 为最大的策略称为**最优策略**（optimal policy）。直观地说：就是可以用最少的成本获得最大的回报。

马尔科夫决策过程是在已知状态迁移概率、回报和折算率的情况下，用适当的计算量寻求最优策略的算法。如上所述，在强化学习中，即使可以确定状态，也不知道其状态迁移概率。在这一条件下，学习最优策略的算法就是 Q 学习。在 Q 学习中，把状态和动作序对，也就是各个规则的评价值称为 **Q 值**（Q value）。根据各种状态实际执行动作后获得的回报，更新 Q 值来进行强化。此时 Q 值的更新算式如下所示。

$$Q(s, a) \leftarrow (1-\alpha)Q(s, a) + \alpha(r(s, a) + \gamma \max_{a'} Q(s', a')) \tag{7.2}$$

α 是学习率，取值为 0~1。经过充分次数的尝试，如果 Q 值收敛了，就可以证明在各个状态下选择 Q 值最大规则的策略与最优策略一致[16]。也就是说，只要执行作为某种状态的动作并且发生充分的状态迁移，之后通过在各状态下执行 Q 值最大的动作，就能采取折算期望回报最大这一意义上的最佳动作。

7.4.2 桶队和利益共享

桶队算法[7]和利益共享法[6]没有 Q 学习的这样理论基础，但是是具有更广对象领域的强化学习。

1. 桶队算法

如图 7.14 所示，在**桶队算法**（bucket brigade algorithm）中，可以选择适用于时刻 t 状态的规则。然后，这些规则以自己所具有的评价值和其规则的特殊性为基础计算出如下式所示的投标量 $B(C, t)$ 进行投标（bid）。此处的 $E(C, t)$ 是时刻 t 中规则 C 的评价值。常数 β 是小于 1 的正数，它决定了评价值作为投标量的比例。

$$B(C, t) = \beta E(C, t)$$

在可适用规则中，选择具有最高竞标值的规则，予以应用。此时，规则 C 的评价值，更新如下，只是减去了投标量的部分。

$$E(C, t+1) = E(C, t) - B(C, t)$$

而该投标量 $B(C, t)$ 被直接传递给适用规则 C'，并以下式被加到评价值中。

$$E(C', t+1) = E(C', t) + B(C, t)$$

另外，当因执行规则 C 而从环境中获得回报时，其回报也要加到 C 的评价值中。

下面，举一个具体的例子让大家看看桶队算法的操作。现有表 7.2 中的规则，它们带有表中所示的评价值。表中的 A，B，C 表示状态，X，Y，Z 表示动作。此外，把投标量算式中的 β 设为 0.5。现在，根据时刻 0 的环境观测，得出状态为 A。此时，可适用的规则有条件部分为 A 的 $R1$ 和 $R2$ 两种。然后，进行投标，因为 $\beta = 0.5$，所以 $R1$ 和 $R2$ 的投标量分别为 $B(R1, 0) = 50$，$B(R2, 0) = 25$。因此，$R1$ 获胜，对环境执行 $R1$ 结论部分的动作 X，相对应地减去投标量 $B(R1, 0) = 50$。其结果就是时刻变成了 1，各规则的评价值见表 7.3。

表 7.2　规则集合

标号	规则	评价值 $E(R_n, 0)$
$R1$	A→X	100
$R2$	A→Y	50
$R3$	B→X	70
$R4$	C→Z	40

接下来，在时刻 1 的环境观测下发现状态为 B 后，宣布此次可适用规则 $R3$ 的竞标值为 $B(R3, 1) = 70 \times 0.5 = 35$。因为没有其他可适用规则，所以执行 $R3$ 结论部分的动作 X，$R3$ 的评价值只减少了 35。然后，将减少的 35 加到上个适用规则 $R1$ 中。现在从环境可获得的回报为 15。将这个回报作为评价值，单独加到此前应用的 $R3$ 中。此时，各个规则的评价值发生了表 7.4 中的变化。

表 7.3　评价值更新后的规则集合

标号	规则	评价值 $E(R_n, 1)$
$R1$	A→X	50
$R2$	A→Y	50
$R3$	B→X	70
$R4$	C→Z	40

桶队算法的特点在于，即使没有来自环境的回报，适用规则也可以通过下次适用规则的投标量得到强化。而且，通过来自环境的回报得到强化的只有前面紧接着的适用规则。通过这些强化方法可以采取适当的动作，但是，不能保证学习会取得像这样的进步。此外，通过这个桶队算法进行的强化学习，也可作为 8.2.3 节中分类器系统的学习方式[7]。

表 7.4　再次更新后的规则集合

标号	规则	评价值 $E(R_n, 2)$
$R1$	A→X	85
$R2$	A→Y	50
$R3$	B→X	50
$R4$	C→Z	40

2. 利益共享法

在**利益共享法**（profit sharing）中，留下了从获得回报后到下次获得回报为止实施的规则序列情节（episode）。并且，每当被给予回报时，为了得到回报，更新情节中所有规则的评价值，如图 7.16 所示。此外，关于如何将得到的回报值分配给规则，其方法有平均分配法、递减分配法等。因为要将情节中包含的所有规则评价值全面更新，在提高学习效率的同时，也会花费更新成本。

通过上述评价值的更新，可以强化各规则的评价值进行学习。从直观上看，经常被使用的分类器，以及针对其动作有外部回报的分类器，有更强烈的强化倾向。

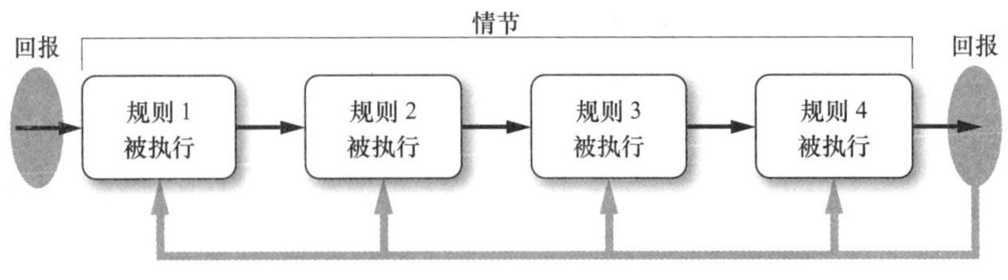

图 7.16　利益共享法的情节

7.5　最邻近法

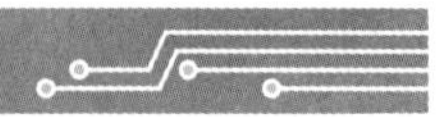

上述归纳学习中，有 ID3 等算法，可以处理将例子进行分类的分类问题。学习结果的表达，即谓词、决定树，不是训练样例本身，而是更加抽象的表现。对此，不把附带正确答案的过去训练数据本身抽象化，而把它当作实例（instance）存储，将新的数据和这个训练数据进行比较，可以把最类似的训练数据分到同一类。通过这种方法进行分类的代表性手段，就是**最邻近法**（nearest neighbor）。

最邻近法，虽然通常应用于从已存储的训练数据中寻找与现在赋予的样例相似的实例，但如果已经给出了训练数据所属类别，也可直接应用于分类问题。其操作过程如下：

1）存储训练数据；

2）赋予要分类的测试数据；

3）寻找与测试数据最类似的训练数据，将测试数据与那个训练数据分到同一类。

在上面的第 3 步中，为了寻找相似实例，有必要定义实例间的相似度（similarity）。一般来说，特征向量所表现的数据是多维空间上的点，它以训练数据点和测试数据点之间的欧式距离和原点为起点，并与以此为终点的向量构成角度和余弦。

下面用具体示例来说明最邻近法。把如表 7.5 所示的训练数据视为已存储数据。与 ID3 相同，在属性、属性值的集合和该数据所属类别中对数据进行描述。赋予想要分类的数据（称为测试数据）T，其属性值分别为，属性 1 = 2.0，属性 2 = 3.1，属性 3 = 29.9。此时，最邻近法，根据下式计算该测试数据 T 与已经存储的训练数据 $I_i \in \{I_1, I_2, I_3, I_4\}$ 分别的距离 d（三维空间的欧式距离），并找出最小的训练数据。在下式中，$v_j^{I_i}$ 和 v_j^T 分别为训练数据 I_i 的属性 j 的值和测试数据 T 的属性 j 的值。

表 7.5　实例数据基础

事例	属性 1	属性 2	属性 3	分类
I_1	1.2	3.3	44.5	A
I_2	2.2	0.3	20.9	B
I_3	1.4	2.8	34.3	B
I_4	3.4	4.0	15.0	A

$$d(I_i,T)=\sqrt{\sum_j (v_j^{I_i}-v_j^T)^2}$$

在表 7.5 的情况下，$d(I_1, T) = 14.6$，$d(I_2, T) = 9.43$，$d(I_3, T) = 4.45$，$d(I_4, T) =$

15.0，所以距离最小的训练数据是 I_3。与测试数据 T 最类似的训练数据就是 I_3，因此，将 T 分到与 I_3 相同的 B 类。

因此，在最邻近法中，属性数 n 的各数据对应于 n 维空间上的一点，测试数据也对应另于一点。在提供测试数据时，我们通过计算测试数据与 n 维空间上的各训练数据点之间的距离，可找出最相似的实例。最邻近法没有明确指出类的边界线，不过，当处理由两个属性构成的实例时，一般认为带有如图 7.17 中实线所示的边界线。在图中，白点和黑点表示属于不同类的实例。图中的虚线和实线，被称为冯洛诺伊（voronoi）图，由连接各实例两点直线的垂直平分线组成。在线性判别函数和 ID3 中，不能划分将图 7.17 的实例正确分类的边界线，但在最邻近法中，可以如图所示画出边界线。此外，利用反向传播的神经网络以及后文将叙述到的非线性支持向量机等，也和最邻近法一样，可以解决带有复杂边界线的分类问题。

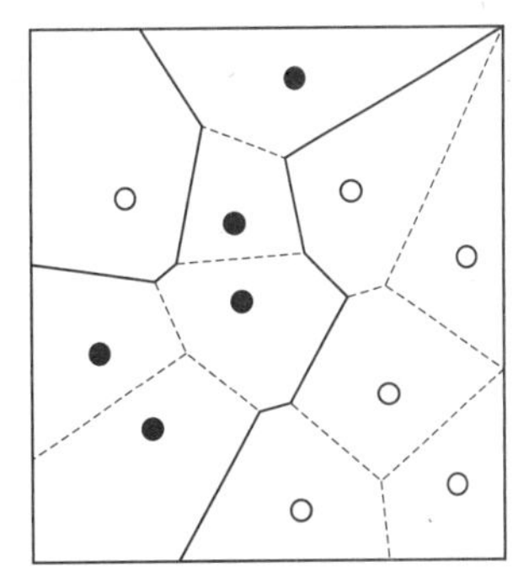

图 7.17　冯洛诺伊（voronoi）图

另外，此处的例子，是用最相似的一个实例来识别出测试样例（称为 **1- 邻近法**）的，也可以不选择其中一个，而选择最相似的 k 个实例，算出它们的最大类。这种方法被称为 ***k*-邻近法**，与 1- 邻近法相比，它更抗噪声，因此被普遍应用。

即使是有如上优点的最邻近法，也存在一些不足。首先，为了提高分类精度，需要存储海量训练数据，因此在存储过程中需要大量内存。其次，随着实例的增加，计算测试数据与训练数据相似度的成本也增多。再者，对分类没有帮助的属性也和其他属性进行同等重要的处理。

7.6　支持向量机

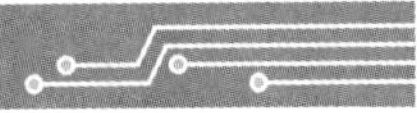

根据训练数据进行分类学习的框架，可看作是求能够识别两个类的判别函数的问题。不过，如何确定判别函数的形状和系数是个难题，针对此问题已研究出了多种方法。

支持向量机（Support Vector Machines，SVM）[19][1] 是一种算法。它可以求解经过中间的判别函数使正数据和负数据之间的距离最大化；也可以通过核技巧，学习非线性判别函数。在这里，首先对其基础——**线性 SVM** 作用原理进行说明。

现在，有 n 个用属于 A，B 两类的 m 维向量表示的训练数据 $\boldsymbol{x}_i=(x_1, \cdots, x_m)$，将其所属的类别标签视为 $y_1, \cdots, y_n$。当训练数据属于 A 类时，$y=1$，属于 B 类时，$y=-1$。此时线性判别函数 $f(x)$ 为下式。w_i 被称为权重，向量 $\boldsymbol{w}=(w_1, \cdots, w_m)$ 是重量向量，b 是偏置项。当 $f(x)=0$ 是，判别边界是（$m-1$）维的超平面，$f(x)>0$ 时，将数据判别为 A 类，当 $f(x)<0$ 时，将数据判别为 B 类。

$$f(x)=\boldsymbol{w}^{\mathrm{T}}\boldsymbol{x}+b \tag{7.3}$$

图所示为给出了能够以二维数据进行线性分离的示例。此时，式（7.3）线性判别函数为直线，这条直线将属于 A、B 两类的训练数据进行如图所示的分离。重合的两点是最接近判别函数的训练数据。这种可分类训练数据的线性判别函数有无数个，因此选择哪个（函数）是一个问题。SVM以“从正中划线”为基准，在没有输入数据的分离间隔领域，选择该分离间隔在最大中间点上的判别函数（见图7.18）。这个基准符合直觉，而且可以通过学习理论提供证明，这就是SVM的特征[19]。接下来，就是求判别函数，过程如下。

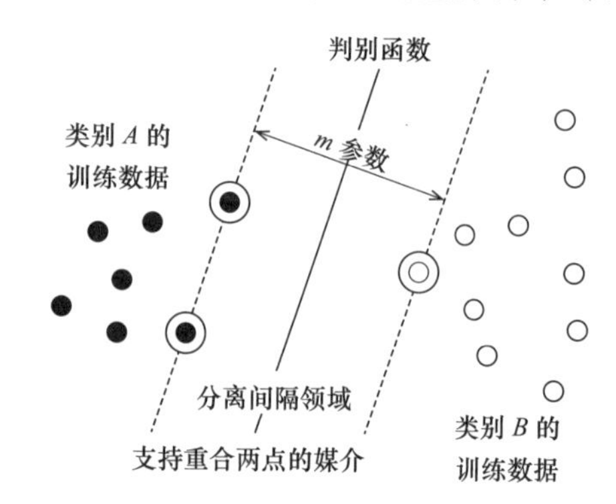

图 7.18　能够线性分离的数据和分离间隔

数据 $\boldsymbol{x}$ 和判别超平面的距离为 $|\boldsymbol{w}^{\mathrm{T}}\boldsymbol{x}+b|/\|\boldsymbol{w}\|$，为了进行简化，加入了 $\min_i|\boldsymbol{w}^{\mathrm{T}}\boldsymbol{x}_i+b|=1$ 这一制约条件，此时，训练数据和判别超平面的最小距离变成了下式。

$$\min_i \frac{|\boldsymbol{w}^{\mathrm{T}}\boldsymbol{x}_i+b|}{\|\boldsymbol{w}\|}=\frac{1}{\|\boldsymbol{w}\|}$$

分离间隔最大的线性判别函数，可以正确判别所有训练数据（制约条件），因为训练数据和判别超平面的最小距离是通过最大化的 $\boldsymbol{w}$，b（目标函数）来求取的，所以将 $\|\boldsymbol{w}\|^2$ 最小化，其最优表达式如下所示：

$$\text{目标函数：}\|\boldsymbol{w}\|^2\rightarrow\text{最小化}$$

$$\text{制约条件：}y_i(\boldsymbol{w}^{\mathrm{T}}+b)\geqslant 1\ (i=1,\ \cdots,\ m)$$

这个最优化问题，可以用拉格朗日乘数法来解决，得到全局最优解。最终，可通过式（7.4）求解判别函数。此式中，α_i^* 是拉格朗日系数的最优解，x_s 是支持向量间隔上的训练数据。在图7.18中，重合的两点成为支持向量。通过此式，可以知道，判别函数只由支持向量决定，不受支持向量以外的训练数据影响。

$$f(\boldsymbol{x})=\boldsymbol{w}^{*\mathrm{T}}\boldsymbol{x}-\boldsymbol{w}^{*\mathrm{T}}\boldsymbol{x}_s+y_s \qquad \boldsymbol{w}^*=\sum_s\alpha_s^*y_s\boldsymbol{x}_s \tag{7.4}$$

这样，就可以求出满足分离间隔最大这一基准的线性判别函数了。然后，进一步扩大SVM的应用范围，可以得到**非线性SVM**。当对象为能够进行线性分离的数据时，线性SVM展现了高精度的分类能力。然而，在一般情况下，数据往往不能进行线性分离。另一方面，已知数据的维数越大线性分离的可能性就越高，因此可以考虑将数据映射到高维空间进行线性判别。不过，高维图像存在泛化能力下降，计算成本增加的问题。但是，由于在SVM中判别函数仅采用输入数据的内积，因此通过一种叫作“核技巧”的方法，能够避免上述问题。其原理如下所示。

我们注意到：SVM 的判别函数（式（7.4）只依赖于数据的内积 $\boldsymbol{x}\boldsymbol{x}_s$、$\boldsymbol{x}_s\boldsymbol{x}_s$，只要能计算出数据映射处的内积，就能够求出最优判别函数。也就是说，只要原空间数据 $\boldsymbol{x}_1$，$\boldsymbol{x}_2$ 非线性映射后的空间数据 $\boldsymbol{\Phi}(\boldsymbol{x}_1)$，$\boldsymbol{\Phi}(\boldsymbol{x}_2)$ 的内积，存在下列可计算函数 $K(\boldsymbol{x}_1, \boldsymbol{x}_2)$，不用知道具体的 $\boldsymbol{\Phi}(\boldsymbol{x})$，也可以求出最优判别函数。这种方法叫核技巧（kernel trick），函数 $K(\boldsymbol{x}_1, \boldsymbol{x}_2)$ 叫核函数（kernel function）。

$$\boldsymbol{\Phi}(\boldsymbol{x}_1)^{\mathrm{T}}\boldsymbol{\Phi}(\boldsymbol{x}_2) = K(\boldsymbol{x}_1, \boldsymbol{x}_2)$$

非线性转换后的空间中的线性 SVM 问题，同样可以用原来空间中的方法来解决，得到的判别函数，用核函数置换其支持向量的内积，如下所示。另外，映射目标在高维空间中的线性判别函数，到了原空间会变成复杂的非线性判别函数。这样一来，在非线性 SVM 中，可以高效地求出非线性判别函数。

$$\begin{aligned} f(\boldsymbol{x}) &= \sum_s \alpha_s^* y_s \boldsymbol{\Phi}(\boldsymbol{x}_i)^{\mathrm{T}} \boldsymbol{\Phi}(\boldsymbol{x}) - \boldsymbol{w}^{*\mathrm{T}} \boldsymbol{x}_s + y_s \\ &= \sum_s \alpha_s^* y_s K(\boldsymbol{x}_s, \boldsymbol{x}) - \boldsymbol{w}^{*\mathrm{T}} \boldsymbol{x}_s + y_s \end{aligned}$$

目前，使用较多的核函数主要有多项式核函数（式（7.5））和径向基核函数（式（7.6））等。

$$K(\boldsymbol{x}_1, \boldsymbol{x}_2) = (\boldsymbol{x}_1^{\mathrm{T}} \boldsymbol{x}_2 + 1)^p \tag{7.5}$$

$$K(\boldsymbol{x}_1, \boldsymbol{x}_2) = \exp\left(-\frac{\|\boldsymbol{x}_1 - \boldsymbol{x}_2\|^2}{\sigma^2}\right)^p \tag{7.6}$$

核技巧除了适用于 SVM 之类的分类学习外，还广泛应用于主要成分分析、聚类等方面，这些统称为核方法（kernel method）。

7.7　关联规则的学习

在大量数据上应用机器学习的策略，提取有价值的知识，被称为**数据挖掘**（data mining），如今这已成为人工智能的大研究领域。而让数据挖掘大为兴盛的，可以说就是关联规则及其学习算法 Apriori 算法。接下来，将对关联规则及 Apriori 算法进行说明。

7.7.1　关联规则

将商店出售的各个商品称为项目，每个顾客购买的项目清单称为交易。分析交易数据库，发现“70% 购买了牛奶和酸奶的顾客会同时购买面包和黄油，三种商品全都购买的顾客占总顾客人数的 3%”。这个知识可用下列规则表示，也就是关联规则（association rule）。

“牛奶”，“酸奶” → “面包”，“黄油”（支持度 3%，置信度 70%）

此处，支持度（support）指的是 $\frac{\text{出现关联规则条件和结论的交易数}}{\text{所有交易数}}$，意思是这个关联规则在全部交易中成立的比例，而置信度（confidence）指的是 $\frac{\text{出现关联规则条件和结论的交易数}}{\text{含有条件的交易数}}$，也就是当条件成立时结论也成立的比例。因此，希望找到这些评价指标都较高，即高于某个阈值的相关规则。我们称这些阈值为最小支持度（minimum support），最小置信度（minimum confidence）。支持度高于最小支持度的项目集合称为**频繁项集**（frequent item set）。

7.7.2 Apriori 算法

在提供了最小支持度、最小置信度的情况下，首先选出频繁项集，然后通过求置信度高于最小置信度的关联规则，从这个项集中选择评价值高于两者的关联规则。虽然后者的处理能够快速进行，但前者的处理由于经常访问交易数据库，需要花费很多时间。而使之高效化，快速进行关联规则学习的就是 Apriori 算法。

Apriori 算法（Apriori algorithm）是关联规则学习算法之一，可以从大量数据中高效得出频繁项集[17][20]。Apriori 算法通过利用“若 F_1 不是频繁项集，那么包含 F_1 的 F_2 也不是频繁项集”这一支持度的反单调性进行高效剪枝，可以快速得到支持度高的项集。例如，若项集 {S1，S2} 不是频繁项集，那么含有 {S1，S2} 的所有项集都不是频繁项集，因此，没有必要查询其支持度，可以高效剪枝。下面给出了在 Apriori 算法中，选出最基本频繁项集的示例。输入：项集、最小支持度、最小置信度、交易数据库。在第 4 步，利用了上述支持度的反单调性进行剪枝。

1. **初始化**：项目数 $k = 1$。另外，从所有项目中选出 1 个支持度高于最小支持度的项目，构成集合，对频繁项集的集合 F_1 进行初始化。
2. **生成频繁项集候选**：利用 F_k 要素，求出 $k+1$ 个项目数中所有频繁项集候选的集合 C_{k+1}。
3. **结束条件**：当 $C_{k+1}=\phi$ 时，输出所有频繁项集的集合 $\bigcup_i F_i$，算法结束。
4. **剪枝**：对于作为 C_{k+1} 要素的频繁项集候选，需要验证其要素数 k 的部分集合是否全都包含在 F_k 内，如果不是，将此频繁项集候选从 C_{k+1} 中去除。
5. **确定频繁项集**：通过交易数据库，计算作为 C_{k+1} 要素的频繁项集候选的支持度，由此确定 F_{k+1}。
6. **循环**：设项目数 $k=k+1$，返回第 2 步。

下面，举一个简单的例子来看看 Apriori 算法的操作过程。现有交易数据表 7.6，对其应用上述的 Apriori 算法。输入：最小支持度 0.3（也就是，在 8 个数据中出现频率 3 次以上为频繁项集）。首先，第 1 步，$k = 1$，除了“巧克力”，其他项目的支持度都高于最小支持度，也就是出现频率在 3 次以上，接下来就可以得到频繁项集的集合 F_1：

F_1 = {{ 杯面 }，{ 咖啡 }，{ 面包 }，{ 饭团 }，{ 茶 }}

表 7.6　交易数据

ID	购买项目
1	杯面，咖啡，面包
2	杯面，咖啡，饭团，茶
3	杯面，茶
4	咖啡，面包，巧克力
5	杯面，咖啡，面包，巧克力
6	杯面，饭团，茶
7	杯面，咖啡，饭团，茶
8	饭团

然后，转到第 2 步，利用 F_1 求出项目数为 2 的 C_2，得出下式。此处，[ ] 中的数字为出现频率。

C_2 = {{ 杯面，咖啡 }[4],{ 杯面，面包 }[2],{ 杯面，饭团 }[3],{ 杯面，茶 }[4],{ 咖啡，饭团 }[2],{ 咖啡，茶 }[2],{ 面包，饭团 }[0],{ 面包，茶 }[0],{ 饭团，茶 }[3]}

进入第 4 步，C_2 个要素的项目数 1 的所有部分集合，都包含在 F_1 中，因此不进行剪枝。接下来，是第 5 步，按照下式，从 C_2 中出现频率大于 3 的项目集合里，求出频繁项集 F_2。

F_2 = {{ 杯面，咖啡 }[4]，{ 杯面，饭团 }[3]，{ 杯面，茶 }[4]，{ 饭团，茶 }[3]}

F_2 为非空集，所以跳过第 3 步，执行第 6 步 $k = 2$，返回第 2 步，和前面一样，从 F_2 得到下面的 C_3。

C_3 = {{ 杯面，咖啡，饭团 },{ 杯面，咖啡，茶 },{ 杯面，咖啡，面包 },{ 杯面，饭团，茶 }}

接下来操作第 4 步，在 C_3 的各要素中，项目数 2 的所有部分集合只有 { 杯面，饭团，茶 } 包含在 F_2 里，因此将其他要素从 C_3 中删除，进行剪枝。因为 { 杯面，饭团，茶 } 出现了 3 次，所以 F_3 变成了下式。

F_3 = {{ 杯面，饭团，茶 }[3]}

再次循环，从 F_3 不能再生成 C_4，符合第 3 步的结束条件，输出 $F_1 \cup F_2 \cup F_3$，算法结束。

7.8　聚类

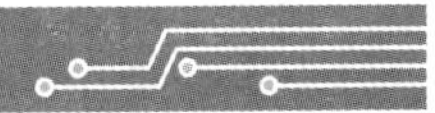

聚类（clustering）是**无监督学习**（unsupervised learning）的一种，将数据分到称为簇的组别中。例如，图 7.19 所示为将二维特征向量的数据集合分到三个簇中的示例。通常来说，意味着找到数据集合 $X = \{x_i, \cdots, x_n\}$ 的分割 $P = \{C_1, \cdots, C_m\}$，如下所示。C_i 是 X 的部分集合，所有数据属于同一个簇。

$$\bigcup_i C_i = X, C_i \bigcap C_j = \phi (i \neq j)$$

聚类大致分为自顶向下和自底向上两类。接下来对自底向上的代表性方法k-means法和自底向上的代表性方法层次聚类进行说明[21]。

不论哪种方法，均以数据之间的相似度为基础，将相似数据集中到相同的簇进行聚类。因此，重要的是如何定义数据间的相似度。将数据的特征向量设为j维空间向量$\boldsymbol{x}=(x_1, \cdots, x_j)$，常用下式数据间的欧氏距离来表示相异度。而表示相似度时就用其倒数$s(x, y)=1/d(x, y)$。

$$d(x,y)=\sqrt{\sum_{i=1}^{j}(x_i-y_i)^2}$$

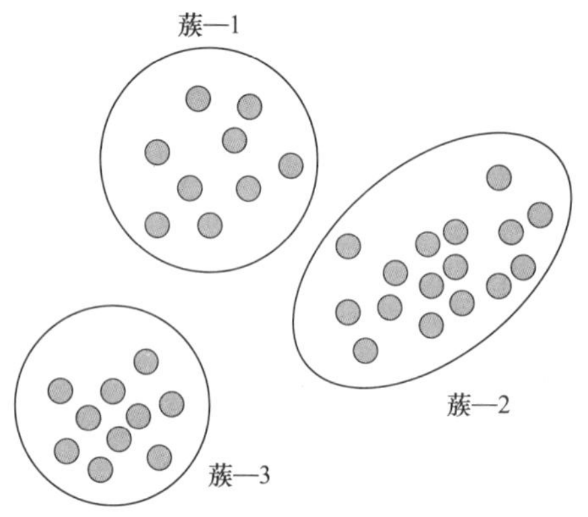

图7.19 聚类

7.8.1 k-means法

k-means法，是一种典型的自顶向下的聚类方法，输入数据集合、相似度函数（上述的$s(x-y)$）、簇数k之后进行如下操作。

1. **初始化：**随机决定k个簇中心。
2. **数据的分配：**将每个数据分配到拥有与之最相似簇中心的簇里。
3. **结束条件：**所有数据分配完毕，没有新的变化发生，结束。
4. **更新簇中心：**计算簇的重心，将它当作新的簇中心。
5. **返回第1步。**

第4步更新簇中心，使用的簇C和簇重心$M(C)$，可通过下式计算。

$$M(C)=\frac{1}{|C|}\sum_{x\in C}x$$

k-means法的特征是自顶向下输入簇数k，最终得到的簇会根据第1步初始化决定的簇中心的不同而变化。因此，实际应用时，往往要对一些初始值进行更改，然后采用所获得的簇评价中最高的一个（例如，簇的平均分布式较小）。

另外，k-means法可以通过不断循环进行某种程度的最优化。其目标函数，就是使“各簇中心和其簇中包含的数据间的距离之和”最小化。可通过不断循环更新簇的分配及簇中心来实现这个最优化。

7.8.2 层次聚类

k-means法是先固定k个簇数，自顶向下进行聚类。还有一种是自底向上的聚类方法，先把每个数据看成一个个单独的簇，然后逐步合并最相近的簇。下面对其典型手法**层次聚类**（hierarchical clustering）进行说明。

在层次聚类中，会加入两个数据 x_i，x_j 之间的相似度 $s(x_i, x_j)$，所以需要定义簇 c_i，c_j 之间的相似度。至今，提出了各种定义簇之间相似度的方法，比如说，最基本的最短距离法。在最短距离法中，将簇 c_i 的数据与 c_j 的数据的所有数据对之间相似度的最大值设为簇之间的相似度 $s(c_i, c_j)$。此外，还有取最小相似度的最长距离法、利用簇重心间距离的重心法、利用重心和数据间误差的离差法等[21]。

层次聚类的算法如下所示。这是一个简单的程序，整合相似度最高的簇对，直到其变成一个簇为止，由此可以生成各种粒度的簇。

1. **初始化：** 输入数据 $\{x_1, \cdots, x_n\}$。通过只以数据 x_i 为要素的簇 $c_i = \{x_i\}$ 的集合，将所有簇初始化为集合 C。另外，将所有数据数初始化为簇数 N。

2. **整合簇对：** 计算由 C 的数据组成的所有簇对中簇之间的相似度，将相似度最高的簇对 c_j，c_k 从 C 中去除。然后，将新整合的簇 $c' = c_j \cup c_k$ 加入 C 中，并将 N 更新为 $N = N-1$。

3. **结束条件：** $N = 1$ 是，输出树形图，结束。

4. **循环：** 返回第 2 步。

第 3 步输出的**树状图**（dendrogram），是一棵以各数据为叶，以第 2 步整合后的新簇为枝的树。并且，有表示第 2 步中最大相似度的轴，当聚类结束时，树就变成了根。图 7.20 所示为树状图的示例。数据集合为 $\{a, b, c, d\}$，初始簇结合 $C = \{\{a\}, \{b\}, \{c\}, \{d\}\}$，聚类开始。首先整合 $\{a\}$ 和 $\{b\}$，接下来，整合 $\{a,b\}$ 和 $\{c\}$，最后整合 $\{a, b, c\}$ 和 $\{d\}$，结束算法。各整合中最大相似度，用图 7.20 上方的轴来表示。另外，通过将这种树状图以最大类似度进行剪裁，可获得各种粒度（granuality）的簇。图 7.20 中给出了剪去 0.5 的示例（虚线），得到了簇集合 $\{\{a, b, c\}, \{d\}\}$。按更小的值剪裁的话，可以获得更详细且簇数目大的簇集合，按更大的值剪裁的话，可以得出更粗糙且簇数目小的簇集合。

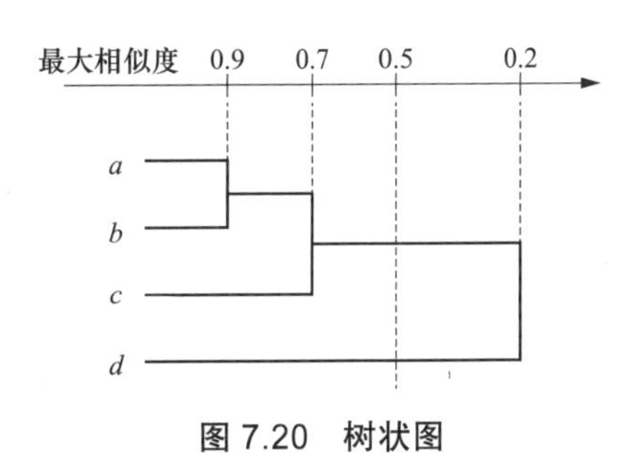

图 7.20　树状图

习题

1. 请写一个动物的概念树，以动物、肉食、草食为节点。

2. 请在训练样例“双足步行的肉食动物”“步行（两足）∧食物（肉）”中应用泛化规则构成假设空间。此时，要使用条件删除和通过习题（1）制作的概念树的概念树上升规则作为泛化规则。

3. 请用下面的训练样例，按照变形空间法，描述学习目标概念“哺乳动物”的过程。另外，只能使用条件删除规则，训练样例不足的情况下，请自行思考。

☐ 正例：2足步行∧胎生∧肉食

☐ 正例：4足步行∧胎生∧草食

☐ 负例：2足步行∧卵生

4. 在7.2节领域理论的基础上，加入以下规则，对训练样例（正例）：颜色（白）∧高度（40）∧底面积（800）材质（木头），进行基于解释的学习。实施生成解释树、泛化、宏化。

☐ 坚硬—材质（木）…（5）

☐ 坚硬—材质（金属）…（6）

5. 请在图7.15的马尔可夫决策过程中，模拟Q学习。

6. 请举出不能用ID3分类，但可以用最近邻法分类的分类问题。并说明理由。

7. 请列出关联规则的不足。

8. 请通过利用已公开的非线性SVM库的可视化，确认映射目标的线性判别函数在原空间变成复杂的非线性判别函数。

9. 对k-means法的初始簇中心的决定方法进行改良后，得到了聚类方法k-means++，请说明其基本程序和解法。

10. 从 $2n$ 个数据中求出执行层次聚类时树形图的深度。

参考文献

[1] C. M. Bishop, “Pattern Recognition and Machine Learning”, Springer, 2010. 元田 浩 ほか 訳：パターン認識と機械学習 上下，丸善出版，2012.

[2] B. V. Dasarathy, “Nearest Neighbor (NN) Norms: NN Pattern Classification Techniques”, IEEE Computer Society Press, 1991.

[3] G. DeJong and R. Mooney, “Explanation-Based Learning: An Alternative View”, Machine Learning, Vol.1, No.2, pp.145–176, 1986.

[4] D. H. Fisher, “Knowledge Acquisition via Incremental Conceptual Clustering”, Machine Learning, Vol.2, No.2, pp.139–172, 1987.

[5] D. H. Fisher, “Noise-Tolerant Conceptual Clustering”, Proceedings of the Eleventh International Joint Conference on Artificial Intelligence, pp.825–830, 1987.

[6] J. J. Grefenstette, “Credit Assignment in Rule Discovery Systems Based on Genetic Algorithms”, Machine Learning, Vol.3, pp.225–245, 1988.

[7] J. H. Holland, K. J. Holyoak, R. E. Nisbett, and P. R. Thagard, “Induction”, MIT Press, 1986. 市川伸一ほか 訳：インダクション – 推論・学習・発見の統合理論へ向けて –，新曜社，1991.

[8] M. Lebowitz, “Concept Learning in a Rich Input Domain”, In R. S. Michalski, J. G. Carbonell, and T. M. Mitchell, editors, *Machine Learning – An Artificial Intelligence Approach –*, Vol.2, pp.193–214. Morgan-Kaufmann, 1986. 電総研

人工知能研究グループ他訳,「豊富な入力知識における概念学習 – 一般化に基づく記憶」,『概念と規則の学習』, 共立出版, 1987.

[9] R. S. Michalski, "A Theory and Methodology of Inductive Learning", In R. S. Michalski, J. G. Carbonell, and T. M. Mitchell, editors, *Machine Learning - An Artificial Intelligence Approach –*, Vol.1, pp.83–134. Tioga, 1983. 電総研人工知能研究グループ 訳,「帰納学習の理論と方法論」,『知識獲得入門—帰納学習と応用—』, 共立出版, 1987.

[10] T. M. Mitchell, "Generalization as Search", Artificial Intelligence, Vol.18, No.2, pp.203–226, 1982.

[11] T. M. Mitchell, R. M. Keller, and R. T. Kedar-Cabelli, "Explanation-Based Generalization: A Unifying View. Machine Learning, Vol.1, No.1, pp.47–80, 1986.

[12] J. R. Quinlan, "The Effect of Noise on Concept Learning. In R. S. Michalski, J. G. Carbonell, and T. M. Mitchell, editors, *Machine Learning - An Artificial Intelligence Approach –*, Vol.2, pp.149–166. Morgan-Kaufmann, 1986. 電総研人工知能研究グループ他訳,「概念学習におけるノイズの影響」,『概念と規則の学習』, 共立出版, 1987.

[13] J. R. Quinlan, "Induction of Decision Trees", Machine Learning, Vol.1, No.2, pp.81–106, 1986.

[14] P. E. Utgoff, "Sift of Bias for Inductive Concept Learning", In R. S. Michalski, J. G. Carbonell, and T. M. Mitchell, editors, *Machine Learning - An Artificial Intelligence Approach –*, Vol.2, pp.107–148. Morgan-Kaufmann, 1986. 電総研人工知能研究グループ他訳,「概念の帰納学習のためのバイアスの移動」,『概念と規則の学習』, 共立出版, 1987.

[15] P. E. Utgoff, Incremental Induction of Decision Trees", Machine Learning, Vol.4, No.2, pp.161–186, 1989.

[16] Christopher J.C.H. Watkins and Peter Dayan, "Technical Note: Q-Learning", Machine Learning, Vol.8, pp.279–292, 1992.

[17] R. Agrawal, T. Imieliński and A. Swami, "Mining Association Rules Between Sets of Items in Large Databases", Proceedings of the 1993 ACM SIGMOD International Conference on Management of Data, pp.207–216, 1993.

[18] 滝 寛和, "構成的帰納学習とバイアス", 人工知能学会誌, Vol.9, No.6, pp.818–822, 1994.

[19] 小野田 崇, "サポートベクターマシン", オーム社, 2007.

[20] 元田 浩, 山口 高平, 津本 周作, 沼尾 正行, "データマイニングの基礎", 森北出版, 1999.

[21] 宮本 定明, "クラスター分析入門—ファジィクラスタリングの理論と応用", オーム社, 2006.

第 8 章 分布式人工智能和进化计算

此前介绍的人工智能，都是基于单体系统的。但是，随着计算机网络扩大，不仅可以用单个人工智能系统，还可以用网络连接多个人工智能系统，进行并行处理，通过对处理结果的相互交流，形成相互作用并解决问题。如何通过多个人工智能系统来解决问题的研究，称为**分布式人工智能**（Distributed Artificial Intelligence，DAI）[7]。

另一方面，像 DAI 这样由多个智能体组成的系统在自然界中极为普遍。多个生物具有繁殖这一相互作用，反复进行新老交替，由此能够观察到其进化为更适应环境的生物的过程。将这种进化模式化并用来解决问题或帮助计算的研究，叫作**进化计算**（evolutionary computation）。

本章将对分布式人工智能中提出的代表模型进行说明，并对进化计算中目前应用最广泛的方法——遗传算法和进化学习进行阐述。

8.1 分布式人工智能

对分布式人工智能的代表模型进行说明。

8.1.1 黑板模型

在语音理解系统 Hearsay-II[2] 中提出的分布式人工智能的交互模型是黑板模型（blackboard model）。Hearsay-II 系统的操作是如图 8.1 所示的层次操作。首先，输入语音输入波形，然后检测出语段，进而从语段的列中取出音节（syllable），接着决定单词和区结构，然后生成最终处理结果——数据库的疑问句。

这种模型的问题是，由于各个层级的处理都存在模糊，所以只靠一个层级，无法确定唯一操作结果。因此，需要一种机制，保留其模糊，也就是留下多个解候选，自底向上进行处理，上层处理结果将下层处理结果进一步缩小。另外，还需要更加灵活地进行不同层级间的信息交流。

实现这种机制的就是黑板模型。黑板（blackboard）是一种共享存储器，可以让多个智能体访问相同信息，根据处理性质上的差异进行分层。图 8.2 给出了语音识别的黑板模型示例。如上所述，Hearsay-II 中的语音识别操作就是图 8.1 所示的那样，因此，由进行各操作的多个智能体和黑板构成了如图 8.2 所示的多智能体系统，各智能体具有启动条件和处理结果。在黑板上写入满足启动条件的假说时，智能体启动执行操作，并且将处理结果假说重新写入黑板。在图 8.2 中，指向各智能体的箭头表示启动条件，来自智能体的箭头表示处理结果假说的写入。这样一来，在黑板上共享的信息就是各智能体的处理结果假说（图 8.2 各层的圆）。此外，还分列了表示这些假说真实程度的置信度。

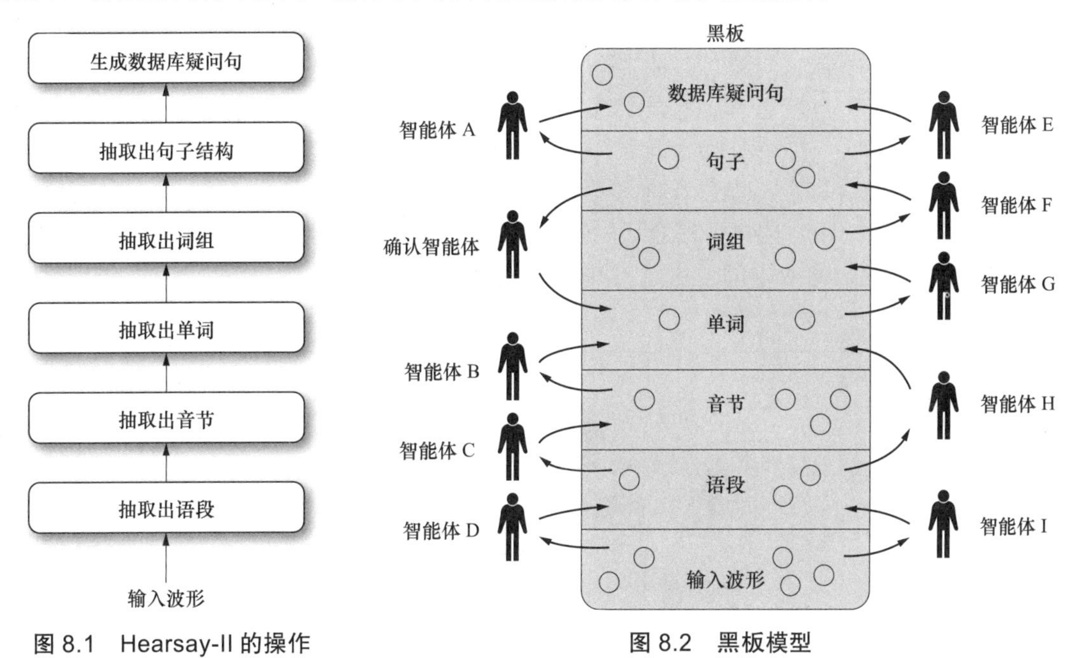

图 8.1　Hearsay-II 的操作　　　　图 8.2　黑板模型

智能体各种各样，它们以某个层级的假说作为起动条件，从将处理结果写入其上一个层级的智能体（图 8.2 中的智能体 A，B，C，D，E，F，G，I），到将处理结果写入其上两个层级的智能体（智能体 H），各不相同。由这些智能体执行的处理是由数据到假说、假说到更抽象假说过渡的方法，这种方法叫自底向上（bottom-up）。与此相对，黑板模型还通过智能体的设计实现了从上层假说到下层假说不断缩小的处理方法——自顶向下（top-down）。这种智能体就是图 8.2 中的已知智能体。已知智能体，以语句假说为基础做出“为了使句子构造成立必须加入某些单词”这一意义上的单词层面的假说，并将其写入黑板的单词层级。

在黑板模型中，各智能体都会生成假说，因此有可能会生成很多无用的假说。所以，要采用一个实现高效处理的机制，以假说的置信度为基础，给可以启动的智能体排序。

8.1.2　合同网协议

合同网（contract net）[1] 是一种模型，在多智能体系统中，通过智能体间的合同分割任务，将得到的副任务分配给各智能体。合同网协议，与普通的通信协议不同，为了顺利地通过任务分割解决问题，合同是对人类社会日常生活的隐喻，是关于如何沟通的协议。因此，与其说它决定了低自由度的方法，不如说它根据应用领域的不同，保留了设计者可调整自由度的松弛规则。

在合同网中，可通过智能体间的交涉来分割任务。首先，智能体根据不同状况，会扮演两种角色，即管理者（manager）和签约者（contract）。这两个角色根据合同的变化而变化。也就是说，一个智能体不会总是管理者，它也可能成为签约者。另外，也允许多个合同并行成立，系统中有时会同时存在多个管理者和签约者。主要操作如图 8.3 所示。首先，由管理者向签约者，也就是其他智能体发送招标公告（task announcement）消息，内容是“现有这样一个任务，有能完成的人吗”，如图 8.3a 所示。收到公告后，会有多个签约者回复投标（bid）消息，即自己能以什么样的条件完成这一任务，如图 8.3b 所示。最后，由管理者对投标书进行比较，选择出最合适的签约者，并向其发送中标（award）消息，合同成立如图 8.3c 所示。合同网中的这一过程在多智能体系统中异步发生。下面，对其流程进行更详细的说明。

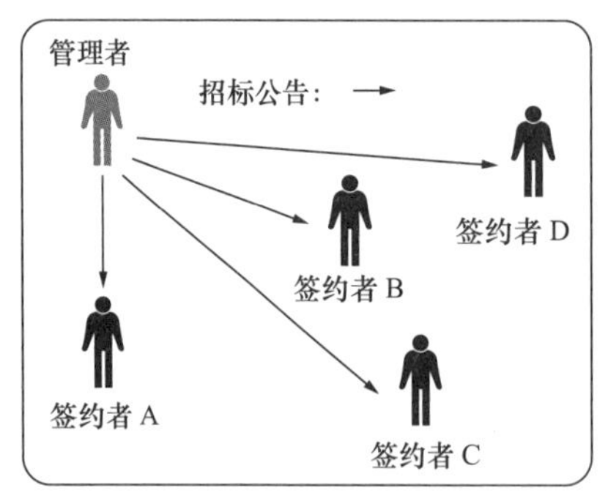

a) 招标公告

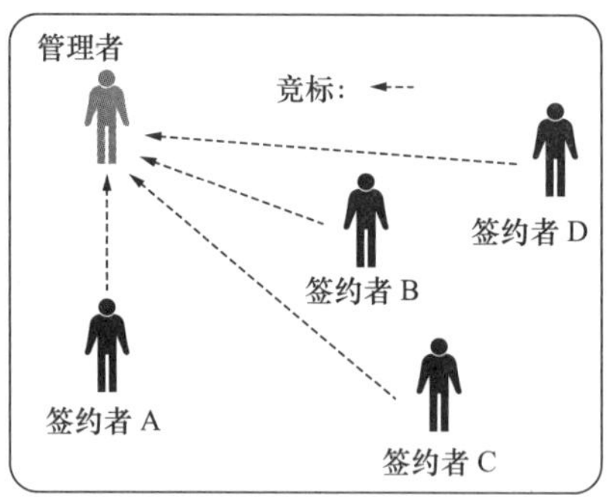

b) 签约者投标

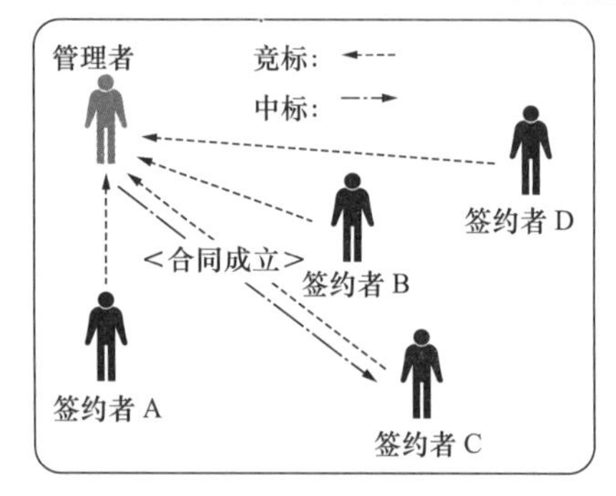

c) 中标与合同成立

图 8.3　合同网主要操作

1. 招标公告

比如，向 A 智能体发布“请在网上收集 Y 的信息”这一任务。此时，在这个任务中，A 智能体是作为管理者来解决问题的。

首先，管理者发布招标公告。招标公告消息如图 8.4 所示。此例中，A 智能体可以将招标公告消息发送给所有智能体（参考收件人和发件人）。消息类别记在类型槽上。另外，在任务内容槽中写上任务内容，签约者在收到多个招标公告时，将参考该槽的内容来决定优先顺序。而作为管理人员来说，为了顺利签约有必要提醒签约者合同成立的条件。此条件写在投标条件槽中。签约者可以根据投标条件槽中的内容确定自己是否有投标资格。

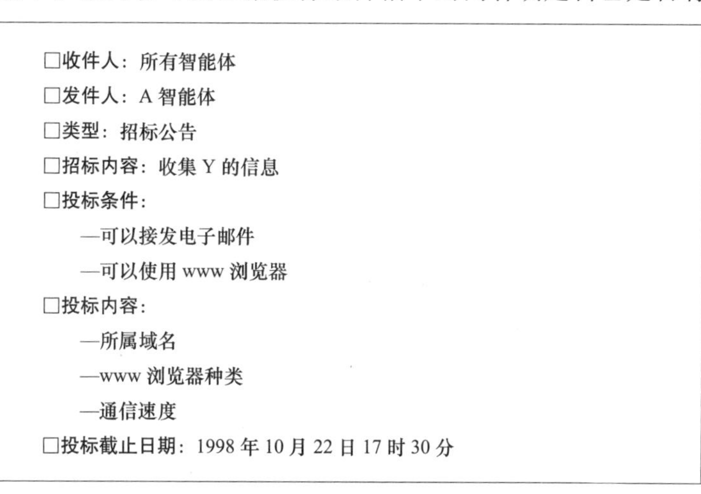

□收件人：所有智能体
□发件人：A 智能体
□类型：招标公告
□招标内容：收集 Y 的信息
□投标条件：
—可以接发电子邮件
—可以使用 www 浏览器
□投标内容：
—所属域名
—www 浏览器种类
—通信速度
□投标截止日期：1998 年 10 月 22 日 17 时 30 分

图 8.4　招标公告消息

在接下来的投标说明中，投标者将“如果自己中标，会顺利完成任务”这一信息发送给管理者，管理者根据该信息来决定签约对象。管理者将想要了解的签约者信息，即为了签订合同想要参考的信息在投标公告阶段就告诉签约者，签约者投标时只将这些信息告诉管理者，这样一来可以更好地节约通信成本。因此，要在投标公告消息的投标内容槽中明示需要附加在投标书中的信息。

2. 投标

如上文所述，签约者会收到多个管理者的招标公告。此时，签约者根据活动领域这一基准对任务进行排序。这个基准可由设计者根据对象领域设定。

签约者可在收到新公告信息时，或者在所收公告信息的招标期截止前，进行投标。这时是对排名最高的任务进行投标，但有时也会延迟投标。

投标消息如图 8.5 所示，收件人槽、发件人槽以及类型槽和招标公告相同。接着在签约者信息槽中，按照招标公告信息投标内容槽中记述的要求，表述签约者的信息。

3. 中标和合同

一般来说，管理者会收到多个签约者异步发来的针对招标公告的投标书。管理者将这些投标书收下，评价之后决定签约对象。一般情况下，当存在满足一定中标价条件的投标时，会向参加投标的智能体发送中标信息并建立合同。中标消息如图 8.6 所示。此外，如果竞标期已过但仍没有满足中标条件的投标，则未能满足中标条件中排名最高的智能体中标，或再次发布招标公告。

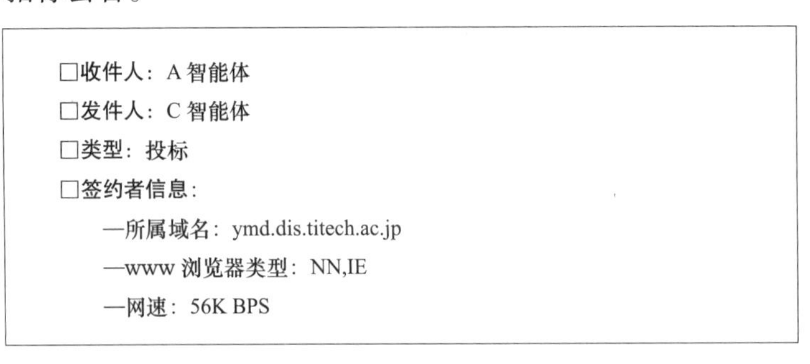
□收件人：A智能体
□发件人：C智能体
□类型：投标
□签约者信息：
—所属域名：ymd.dis.titech.ac.jp
—www浏览器类型：NN,IE
—网速：56K BPS

图8.5　投标消息

□收件人：C智能体
□发件人：A智能体
□类型：中标
□完成方法：使用NN

图8.6　中标消息

但是，如果完全没有满足当前招标公告信息投标条件的智能体，无论到何时发送多少次招标公告都不会收到投标。这时，管理者必须要查明签约者智能体不投标的原因。因此，在招标公告消息的投标内容槽中，具有在不投标时表述理由（不满足招标条件、忙于其他任务等）后回信的功能。

以上叙述的是管理者向其他所有智能体发送招标公告消息为公开合同的情况。合同网协定还可以处理非公开合同。也就是说，如果管理者掌握了“把哪种任务交给哪个智能体更好”这一信息，就可以不发布招标公告，直接向某个智能体发送中标信息，由此签订合同。还有一种情况是，管理者先不发布招标公告，由签约方向管理者发送“自己现在有空”这一信息，管理者收到信息后从现有任务中选择合适的直接中标签订合同。这种合同网协议，可以描述各种合同形式。

8.2　进化计算

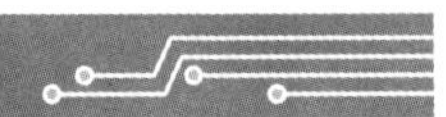

8.2.1　遗传算法

在一般进化论的立场上，生物的进化可以解释为：通过繁殖改变基因的同时，很好地适应环境的生物集团（物种）得以生存这一过程。另外，这种现象可以看作是，多个个体重复世代交替，以其适应环境的程度为评价函数，搜索尽可能高评价的个体。这种适用于解决进化机制问题的方法，称为**遗传算法**（Genetic Algorithm，GA）[3][9]。每个个体，都有作为候选解的染色体，可通过个体交配孕育子代，以及子代由于基因突变而变化一事，来进行求解的探索。

1. 基因型和表现型

在自然界中，基因（或染色体）以个体形存在，无法对其进行直接评价。当然，具有基因的生物在环境中活动，通过对其生物进行评价，也可得到对基因的评价。因此，必须区分基因本身和基于环境评价对象的基因而进化的生物以及其生物的行为。前者是**基因型**（genotype），后者是**表现型**（phenotype）。

在 GA，个体持有的染色体必须要成为待解决问题的解候选。为了满足这样的条件，对染色体进行编码，叫作基因编码。如果不能顺利进行编码，交叉等算子得到的子代将不再成为解候选，搜索效率就会降低。这种基因被称为**致死基因**（lethal genes）。

2. GA 的步骤

在 GA 中需要输入以下参数：

☐ **群体规模**：群体 M 的个体数 $|M|$。

☐ **突然变异率**：发生突变的概率 P_m。

☐ **交叉率**：交叉的概率 P_c。

下面，对基本的 GA 步骤进行说明：

1）**初始化**：首先，随机将各个体的染色体分为基因，形成群体规模为 $|M|$ 的初始个体集团 $M(0)$，将世代变量 g 初始化为 0。

2）**计算适应度**（fitness）：对于群体 $M(3)$ 中的每一个个体 I，计算其适应度 $f(I)$。

3）**结束条件**：满足结束条件，算法结束。常见的结束条件有：适应度大于某数或世代数大于某数。

4）**选择**（selection）：根据计算的适应度 $f(I)$ 反复应用选择方式，选择作为父代候选的群体 S。S 的规模通常与群体规模相同。

5）**繁殖**（reproduction）：对于选出的父代候选群体 S，应用下列 GA 算子。

☐ **交叉**（crossover）：从群体 S 中，通过交叉率 P_c 的概率选择出父代群体（规模为 $|M|P_c$），从中随机选出 $\frac{|M|P_c}{2}$ 的父代对。然后，对这些父代对应用交叉算子，生成和父代同数的子代。

☐ **突然变异**（mutation）：对于交叉得到的子代，让所有比特独立地按突然变异率进行变异，如图 8.7 所示，在群体中，平均 $|M|LP_m$ 比特发生变异。这里的 L 是一个个体染色体的比特数。

图 8.7　突然变异

把得到的子代取代父代输入，生成下一个世代的群体 $M(g)$。此处的 $g \leftarrow g+1$。

6）返回第2）步。

此外，第4）步的选择方式和第5）步的交叉算子，可应用下列方法。

□ 选择方法：

— 轮盘赌方式：转动与适应度值成比例的轮盘进行选择。选择适应度 $f(I)$ 的个体 I 的概率 $Pr(I)$ 如下式。

$$Pr(I) = \frac{f(I)}{\sum_I f(I)}$$

— 锦标赛方式：从群体中随机取出一定数量的个体，在其中选择适应度最高的个体。

□ 交叉算子：

— 单点交叉：在染色体上选择一个点切开，将其分成两部分进行交换，如图8.8a所示。

— 多点交叉：在染色体上选取多个点进行分割交换，如图8.8b所示。

— 均匀交叉：每个基因随机交换，如图8.8c所示。

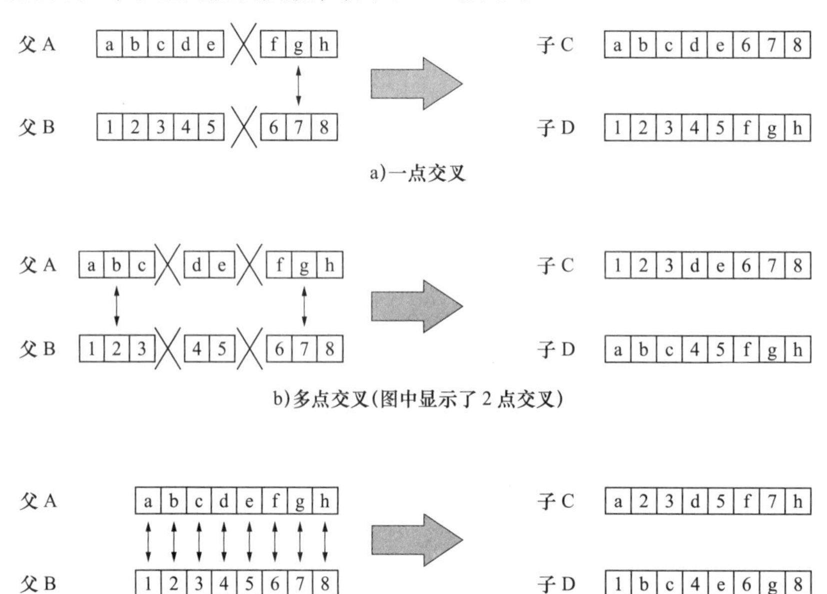

图8.8 交叉算子

根据以上步骤，GA可以对并列的多个点进行探索。通过交叉和突然变异的算子，可以避免群体陷入局部最优解，从而实现对最好适应度区域的集中探索。

8.2.2 遗传编程

在GA中，一般使用基因型的比特序列或文字序列。不过，作为基因型，也有可能使用结构更加复杂的表现。而且，还可将程序本身作为基因型使用。对个体拥有的程序进行评价，计算其适应度，通过对程序本身进行 GA 算子操作，就可以在 GA 框架中实现基于进化的自动编程（automatic programming）。这种机制就是遗传编程（Genetic Programming，GP）[6][10]。

1. GP 的基因编码

在 GP 中，一般使用通过**树形结构**（tree structure）表现程序的基因编码。树形结构就是如图 8.9 所示的形式，没有闭路。节点 B、D 是节点 A 的子节点，反过来说就是节点 A 是节点 B、D 的父节点。此外，没有子节点的节点 C、D 叫作叶节点，没有父节点的节点 A 叫作根节点。

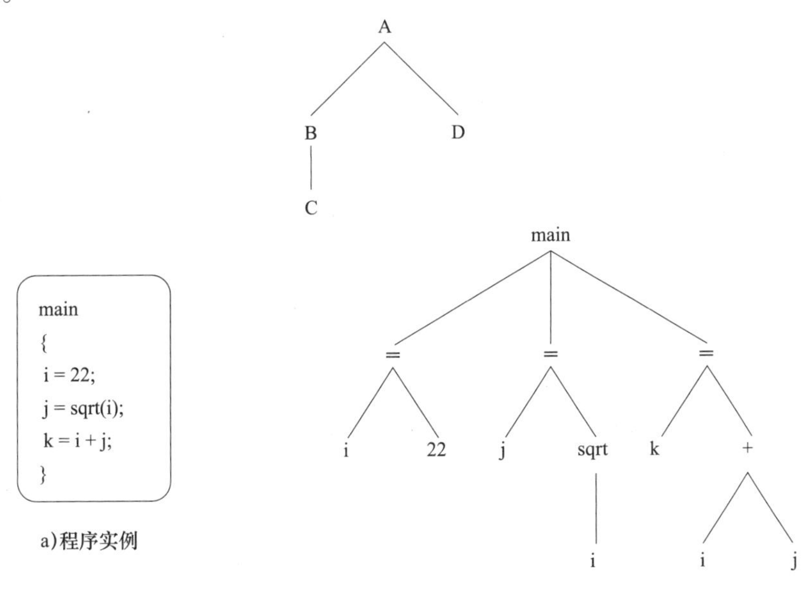

图 8.9　用树形结构表示的程序

比如说，图 8.9a 中的 C 程序可以用图 8.9b 中的树形结构来描述。此外，在 GP 中，除了 8.2.1 节中所示的 GA 输入参数外，还需要下列要素来构成树形结构。

- □ **非终结符**：使用非终结节点（叶节点以外的节点）的符号。是以子节点为参数的函数。
- □ **终结符**：用终结节点（叶节点）的符号。是变数或常数。

GP 的步骤除了把 GA 算子换成 GP 算子外，其他方面和 GA 相同。由于 GP 要处理带结构的基因，因此处理该操作的 GP 算子要比 GA 算子复杂得多。

2. GP 算子

通常情况下，GP 中的算子和 GA 一样使用突然变异和交叉。图 8.10 所示为突然变异的示例。图 8.10a 表示了终结符变异为终结符的情况，图 8.10b 展示了终结符变异为部分树的情况。这样一来，在使用不带结构基因型的 GA 中，只是单纯地突然变异，在 GP 中就拥有了多个变种。

图 8.11 所示为 GP 的交叉。一般来说，在各自的双亲中选择一个要分离的节点，然后在双亲之间交换以这些节点为根节点的部分树。

上述的 GP 是将带有结构的程序作为基因使用，可以说其拥有比 GA 更广的应用范围。

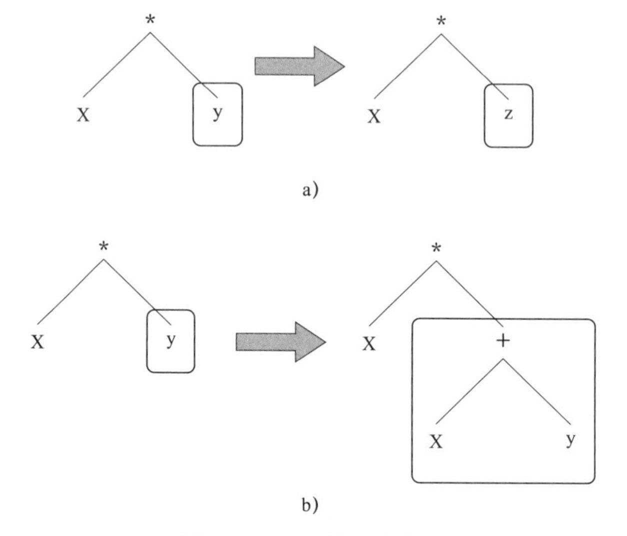

图 8.10　GP 的突然变异

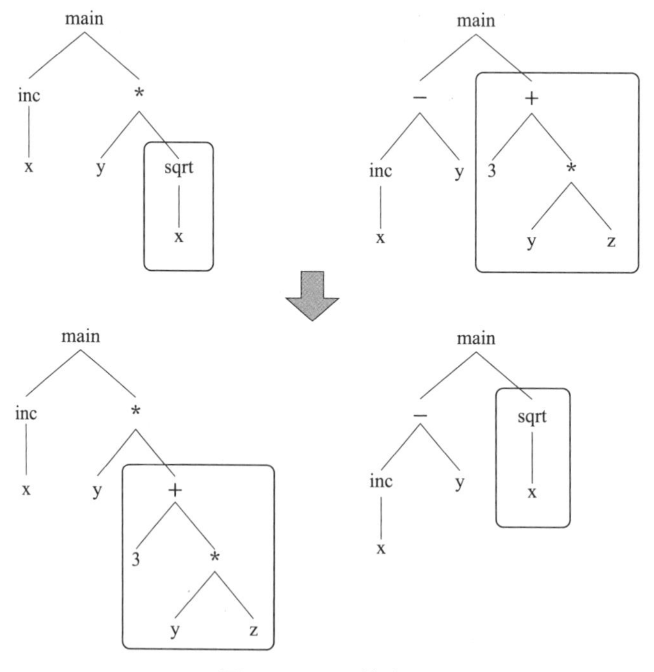

图 8.11　GP 的交叉

8.2.3 进化学习

利用遗传算法的机器学习中，还有一种**进化学习**（evolutionary learning）[8][11]。进化学习，大致分为分类器系统和匹兹堡方法两种。首先，对分类器系统进行说明。

1. 分类器系统

分类器系统（classifyersystem）[4][5] 对被编码为基因的规则使用遗传算法，自动生成提高某种评价函数（适应度或可信度）值的生产系统。

分类器系统的构成如图 8.12 所示。将其比作生产系统的话，消息相当于生产系统的事实，消息列表相当于工作记忆，分类器相当于生产规则。

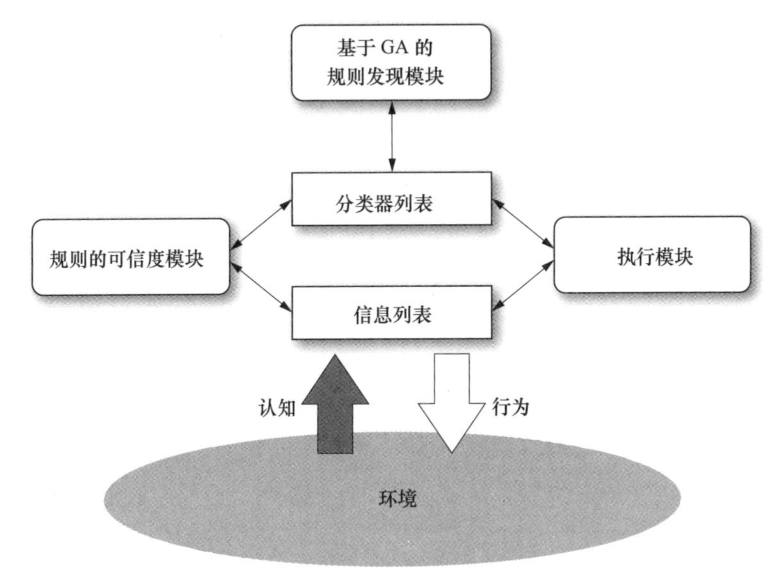

图 8.12　分类器系统

因此，分类器列表对应规则库，可执行模块对应推理引擎。

把来自环境的信息当作消息输入消息列表。如果有和动作相关的消息，就向环境执行该动作。虽然分类器系统和生产系统功能相同，但它的独特之处在于通过分割可信度模块，分类器可以根据桶链算法（参考 7.4.2 节）进行强化学习，并进一步根据 GA 从规则发现模块实现进化。虽然通过应用分类器可以解决问题，不过，强化当时应用的分类器也能进行学习。而且，当此学习进行到一定程度，就可以重复 GA 的进化操作。

分类器将其条件和结论两部分记为 3 值㊀的比特序列。消息也是同样的比特序列。此外，各分类器具有可信度（credit）这一特性。

并且，用可执行模块检查消息列表中的消息和分类器条件部分之间的匹配度，应用可适用的分类器，对环境执行得出的动作。此时，若有多个可适用分类器，就根据可信度选

㊀ 这是一个三元组，包含 1、0 和无关位，都与 0 和 1 匹配。——原书注。

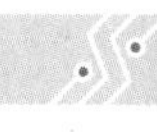

出一个予以应用。

通过桶链算法更新可信度来强化各分类器的可信度进行学习。从直观上看，对于常用的分类器，以及其动作有外部回报的分类子，有更强的强化倾向。

而且，在分类器系统中，可以通过 GA 进行规则发现。规则发现模块通过分割可信度进行了一定程度的学习，当其判断可信度充分更新后，就会启动 GA。而在分类器系统中，条件部分和结论部分的比特序列相当于染色体。

值得注意的是，在分类器系统的 GA 中，分类器，也就是一个个规则是被看作个体的。可以通过应用 GA，选出无用的分类器，将有效分类器组合生成新的分类器。这样一来，就可以超越每个个体（分类器）学习的界限。

2. 匹兹堡方法

在分类器系统中，是把各分类器当作 GA 的个体进行操作的，而匹兹堡方法是把整个生产系统当作个体进行操作。图 8.13 所示为其框架示例。在匹兹堡方法中，可以通过多智能体系统进行学习，即将各个生产系统看作智能体。

首先，对于同一个问题，应用多个生产系统，并对其执行结果进行评价。然后，将这个评价值当作适应度，将各个生产系统当作个体，通过 GA 生成新的生产系统。也就是说，在多智能体系统中，让智能体即各个生产系统展开竞争，然后根据评价值进行选择。

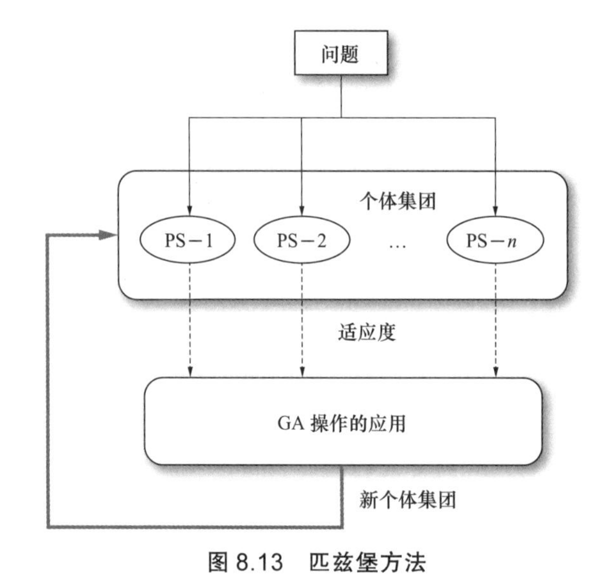

图 8.13　匹兹堡方法

习题

1. 请参照图 8.1 和图 8.2，画出在黑板模型中实现图像识别处理时的处理流程和多智能体系统的示意图。

2. 请基于智能体共享信息的差异，论述黑板模型和合同网的不同点。

3. 请在旅行商问题（Traveling Salesman Problem，TSP）中操作遗传编码。

4. 请检验习题（3）的编码中是否存在致死基因。如果有，请思考出不会生成致死基因的编码。

5. 使用习题（4）的编码，通过 GA 执行解 TPS 的程序，并公示结果。

6. 请举出应用 GA 很难解决，但应用 GP 很容易解决的问题，并说明理由。

7. 请写出图 8.10 示例以外的 GP 的突然变异。

参考文献

[1] R. Davis and R. G. Smith, "Negotiation as a Metaphor for Distributed Problem Solving", Artificial Intelligence, Vol.20, No.1, pp.63–109, 1983.

[2] L. D. Erman, F. Hayes-Roth, V. R. Lesser, and D. R. Reddy, "The Hearsay-II Speech-Understanding System: Integrated Knowledge to Resolve Uncertainty", Computer Surveys, Vol.12, pp.213–253, 1980.

[3] D. E. Goldberg, "Genetic Algorithm in Search, Optimization and Machine Learning", Addison Wesley, 1989.

[4] J. E. Holland and J. S. Reitman, "Cognitive Systems Based on Adaptive Algorithms", In D. A. Waterman and F. Hayes-Roth, editors, *Pattern-Directed Inference Systems*. Academic Press, 1978.

[5] J. H. Holland, "Escaping Brittleness: The Possibilities of General-Purpose Learning Algorithms Applied to Parallel Rule-Based Systems", In R. S .Michalski, J. G. Carbonell, and T. M. Mitchell, editors, *Machine Learning - An Artificial Intelligence Approach –*, Vol.2. Morgan-Kaufmann, 1986. 電総研人工知能研究グループ他訳,「脆弱性の回避：並列型の規則に基づくシステムへ適用した汎用学習アルゴリズムの可能性」,『演繹学習』, 共立出版, 1988.

[6] J. R. Koza, "Genetic Programming", MIT Press, 1992.

[7] 石田 亨, 片桐 恭弘, 桑原 和宏, "分散人工知能", コロナ社, 1996.

[8] 竹内 勝, "遺伝的アルゴリズムによる機械学習", 計測自動制御学会誌, Vol.32, No.1, pp.24–30, 1993.

[9] 伊庭 斉志, "遺伝的アルゴリズムの基礎", オーム社, 1994.

[10] 伊庭 斉志, "遺伝的プログラミング", 東京電機大学出版局, 1996.

[11] 米澤 保雄, "遺伝的アルゴリズム – 進化理論の情報科学 –", 森北出版, 1993.

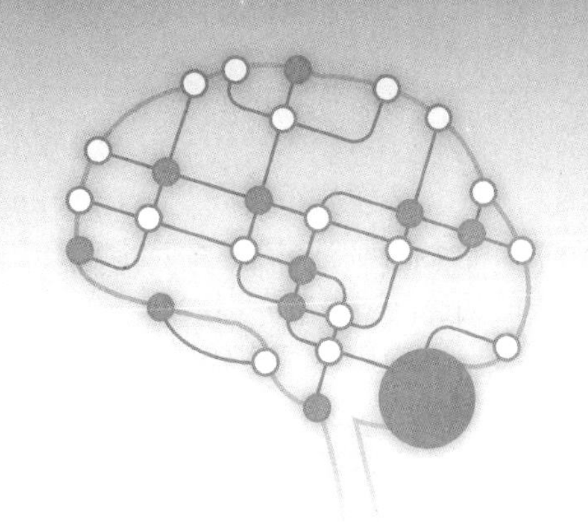

第 9 章 智能体和智能交互系统

直到上一章，本书都是对相对传统已确立的人工智能概念和框架的说明，本章探讨的是目前尚未确立，但今后会越来越重要的更加先进的主题。本章选取的题目是智能体和智能交互系统。首先，介绍智能体概念的基础智能体框架，以及与人类交互中智能体研究的最新研究领域——人体交互㊀，接着介绍交互式机器学习以及用户适应系统。其中交互式机器学习与人类和系统相协调以解决问题的智能交互系统相关。

人工智能中的**智能体**（agent），指的是“可以感知环境并自己决定动作予以执行的计算机程序”。比如说，由传感器、软件、硬件构成的机器人，就是易于理解的典型的智能体。除此之外，把网络当作环境进行感知，在网络上收集信息的同时，决定自己的动作予以执行（此处不是指物理的行动，而是文件操作，网络连接、信息提示等）的程序被称为广义软件智能体，也是智能体的一种。

还有一种被称为**拟人化智能体**（anthropomorphic agent）的计算机程序，也是典型的智能体。这种程序，使用了 CG 技术，外观与人和动物相似，可以感知用户的状态，通过交互自己决定动作予以执行。

关于这种智能体，本章首先介绍了其基础框架，然后着眼于人类于智能体交互的研究领域——人体交互进行说明。

本章的后半部分，将介绍人类与人工智能系统相互协调，解决问题的框架——智能交互系统。另外，作为其具体的研究示例，介绍了协调人类与系统进行学习、交互机器学习，还介绍了适应人类并改变自身的用户适应系统。

9.1 智能体框架

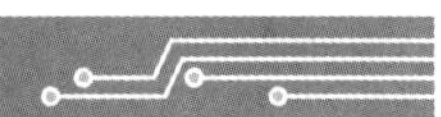

9.1.1 智能体的抽象模型

图 9.1 所示为智能体的抽象模型 [1][2]。智能体同其外界环境取得交互，并执行某任务。现将与智能体对立的外部环境记为 E。智能体内部大致分为四个部分，即感知部分

㊀ “人体交互”指的是人与智能体的交互。——译者注。

（sensor）、智能体程序（agent program）、知识・模型描述部分（knowledge，model）、执行部分（acutuator）。它们分别担任以下功能。

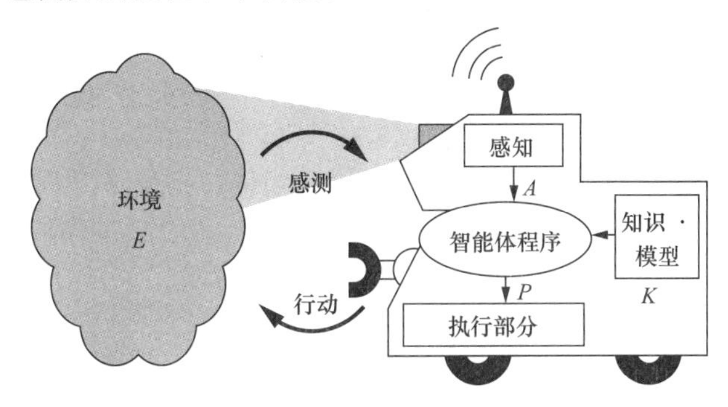

图 9.1　智能体的抽象模型图

感知部分： 通过各种传感器（相机、话筒、加速传感器等）感知外部环境的部分。其输入（内容）是外部环境的状态集合（此处为了方便视为 E），输出（内容）为环境智能体内的描述——感知描述（percept）的集合 P。此时感知部分

$$\text{sensing}: E \to P$$

是实现映射感测的模块。从智能体的角度看，外部环境的状态是通过传感器测得的传感器信号表示的模式信息。反之，感知描述通常是用符号表示的信息。它通过与智能体、环境模型或环境中目标模型的匹配得以解释。这个意义上的感知部分就是执行模式识别（pattern recognition）的部分。

智能体程序部分： 是执行智能体动作计划的部分。是基于从感知部分得到的感知描述集合 P，决定动作集合 A 的模块。将迄今为止所有感知描述的系列称为感知历史（percept history）。

假设存在以某种形式描述的知识、模型 K，其内容包括外部环境和任务方面的知识。

接下来，由下列映射 agent-program 赋予智能体程序特点。

$$\text{agent-program}: P^N \times K \to A$$

即从感知历史（现在到过去长度为 N 的系列）以及知识、模型到动作描述的映射。

执行部分： 是针对从智能体程序部分导出的动作描述 A 和现在的外部环境 E，让智能体发挥作用促使外部环境状态发生变化的模块。事实上，执行部分的输出，可以看作是智能体针对外部环境的动作。

如果用算式表述执行部分的功能，可得到下列映射 actuating。

$$\text{actuating}: E \times A \to E$$

以上就是智能体的抽象模型，将其科学地实现是人工智能的目标。在这个模型中，感知部分的模式识别（图像识别、语音识别等）、模式测量、智能体程序部分和人工智能、知识工程、执行控制工程、机器人工程一样，以往都是在各自的研究领域被独立研究的。然

而，要实现真正智能的智能体，就必须深化对有机结合各部分系统的研究考察。

9.1.2 智能体的分类

本节探讨了智能体的分类[2][3]。首先，理性智能体（rational agent）指的是采取正确动作的智能体。正确的动作指的是最能将智能体导向成功的动作。

在理性智能体中，需要采用一个机制，评价智能体执行任务是否成功。因此，就有了**性能测度**（performance measure），它具有“怎样（how）”和“何时（when）”两个方面。前者是决定智能体如何成功的规范，后者是性能评价的时间。

任意时间的理性都依赖于以下四点。

- □ 性能测度：定义成功基准。
- □ 所有的感知历史：智能体到此时为止感知的所有知识。
- □ 与环境相关的前提知识。
- □ 智能体可采取的动作。

基于以上四点，给出理性智能体的定义。

理性智能体：对于可能的感知历史，从感知历史中得到证据以及知识、模型时能够经常采取使性能测度最大化行动的智能体。

也就是说，理性智能体会对感知做出最大的努力，使期望的成功最大化。此外，举一个性能测度的例子，对于驾驶汽车的智能体来说，安全性、高速性、舒适性，环保驾驶性等就是其性能测度。

另外，有其他观点认为自主智能体（autonomous agent）也很重要。

自主智能体：选择动作时，比起与环境相关的知识，更高比例地依赖自身经验的智能体。

它在智能机器人领域得到大力研究。因为不能完整得到关于未知环境的描述（信息的不完整性），所以它要根据经验去学习这类知识。也就是说，很难事先向智能体提供完整的嵌入式（built-in）知识，或者说只通过嵌入式知识采取动作的智能体不能灵活应对环境变化。

在此智能体的思想背景中，洞察了人类成长过程及生物进化假说。也就是说，最初只能做出合并反射反应的生物可以凭借学习能力适应生存环境。同样地，经验少的智能体根据初期的微薄知识，从当初的随机尝试开始，逐渐形成有意义的动作模式。将这种根据经验，能发现当初没有预想到的行为的系统称为创发系统（emergent system）。

最后，给出作为分布式协调系统备受关注的多智能体（multi agent）的定义。

多智能体：多个智能体在发挥协调、竞争等相互作用的同时，实现了整体功能。

智能体的分布方法有空间分布、功能分布等，多数情况下假定智能体的各个功能比较单一。

多智能体还可以进行同质分类。

同质多智能体：各智能体拥有相同功能、能力时，称为同质（homogeneous）多智能体。反之，各智能体功能、能力不同时，则称为异质（heterogeneous）多智能体。

9.1.3 环境

根据 Russel 的特征 [2] 对智能体取得交互的环境进行分类。

可完全观测—可部分观测： 智能体的传感器能够完全掌握环境状态时，换句话说，传感器可以检测出所有以便选择动作的信息时，环境是可完全观测（fully observable）的。否则为可部分观测（partially observable）。传感器噪声很多时或部分环境从传感器遗漏时也属于这一类。

确定的—随机的： 环境的下个状态，可根据目前的状态和智能体选择的行动完全决定时，环境是确定的（deterministic）。否则就是随机的（stochastic）。在由可完全观测确定的环境中，不需要考虑不确定性。

完整的—片段的： 智能体的经验被分为多个情节（智能体的感知描述和其对应的单一动作组）时，环境是片断（episodic）。片段的环境中，下个（未来的）片断不依赖于过去和现在的片段动作。反之在完整的（sequential）环境中，现在的动作将影响未来的所有动作。

静态的—动态的： 智能体思考期间环境发生变化时，环境是动态的（dynamic）。否则就是静态的（static）。静态环境中，不需要注意时间的经过，也不需要观测决定动作期间的环境。环境不随时间的经过而变化，却因智能体的动作而变化时，环境是半动态的（semidynamic）。

离散的—连续的： 当感觉、行动描述的信息表达可以进行有限区分时，环境是离散的（discrete），否则就是连续的（continuous）。

9.1.4 智能体的程序

智能体的能力（具体指程序）有必要根据作为对象的环境而改变。在这里要注意的是，根据智能体的视点、立场，环境的表面特点可能会发生变化。此外，上述的特点都不是独立的轴，而是相互关联的。例如，某环境是可部分观测的话，那它就是随机的。不用说，最困难的环境，就是可部分观测的、随机的、完整的、动态的、连续的。

1. 单一反应式智能体（simple reactive agent）

某智能体程序以对当前感知描述和动作描述的直接应对为基础，而单一反应式智能体根据其开展动作和行动。实现它的简便方法有反应规则（reactive rule）。反应规则指的是，把感知部分输出的感知描述作为规则的条件部分 LHS（Left Hand Side）、把操作部分输入的动作描述作为规则的结论部分 RHS（Right Hand Side）。即

□ 感知描述（$\in P$）$\Rightarrow$ 动作描述（$\in A$）是常见形式。此处的“ $\Rightarrow$ ”表示的是“假定”。比如，驾驶智能体会考虑

□ “前面有障碍物” $\Rightarrow$ “转方向盘” 等。这些结构和反应式规划（5.3 节）相同。

单一反应式智能体不需要对环境模型的完整描述，因此，在具有传感器的移动机器人中，经常使用此框架。

单一反应式智能体的设计方法论包括基于事实推论、查找表的累积参考检索等。两者的区别在于，累积数据结构化的程度。前者某种程度上是理论结构化的累积，而后者是直接保存积累参数。对于所有新输入的实例，检索正确匹配的或类似的事物，然后决定相应的动作。但是，环境复杂时查找表内容庞大，在物理上很难实现。

2. 基于模型的智能体（model based agent）

基于模型的智能体采用关于对象世界的知识、模型来决定动作描述。单一反应式智能体只参考现在的感知描述，而基于模型的智能体能够在内部存储器中存储过去的感知描述系列（感知历史）并进行参考。对象世界的知识、模型描述包括：①世界与智能体如何独立地改变；②智能体的动作如何影响世界等。

基于模型的智能体，经过几段中间的描述，最终执行到达动作描述的推论。在这里，我们探讨一下驾驶汽车的基于模型的智能体。将下列的规则群假定为对象世界的知识：

□ “前方正在施工”⇒“车道减少”

□ “车道减少”⇒“堵车”

□ “堵车”⇒“追尾频发”

□ “追尾频发”⇒“危险”

□ “危险”⇒“松油门”

假设目前智能体所观测的场景中有指路提示板。此时，如果智能体能够从提示板中识别出“前方正在施工”的文字序列，就等于获得了作为感知描述的符号序列“前方正在施工”。其过程是用感知部分进行的映射 sensing : $E \to P$，“前方正在施工”是 P 的要素。通过匹配取得的感知描述和知识、模型，进行推论，并反复更新内部知识描述，最终导出动作描述“松油门”（$\in A$）。该动作通过执行器影响外部环境 E，并过渡到“汽车减速”这一环境。

3. 基于目标的智能体（goal based agent）和基于效果的智能体（utility based agent）

基于目标的智能体会选择动作描述，以便达到表示智能体希望状况的目标（goal）。此处的目标是环境集合 E 的特别要素。以探索和规划为任务的智能体，可根据表现出与目标差异的评价函数，找出达到目标的动作描述序列。

由于对象世界的不同，仅通过目标无法充分生成环境中高质量的动作。虽然要根据上述性能测度从外部对智能体要完成的任务进行评价，但一般会存在多个性能测度，而且必须要注意的是它们相互之间有权衡关系。因此，要在智能体内部提供与性能测度有关的效果函数（utility function）以选择动作描述。基于效果的智能体是在期望效果最大化的战略基础上决定动作的。例如，对驾驶智能体来说，会设定“安全”“高速”“低油耗”“舒适”“惊险刺激”等，各种汽车驾驶的子目标（相当于性能测度），根据效果函数进行适当交换并采取动作、行动。

9.1.5 智能体的学习

如前文所述，智能体的主要目标是寻求应对感知描述和动作描述的措施，但智能体的设计者不可能从一开始就将这些全部结合到一起。因此，必须要根据智能体的动作或行动，进行寻求应对方式的学习。接下来，将对智能体学习的重点进行说明。

动作和学习的同步性：在此前的机器学习中，特别是在计算机和 AI 系统的符号学习算法中，学习阶段和实行（动作）阶段是明确分开的。也就是说“Execution（Action）after Learning”。但是，知识型智能体不再是完成学习的机器，它具有和人类相同的特征，要求动作和学习的同步性。也就是“Learning during Action”或“Action during Learning”。此类学习算法应具备的最基本特征就是增进性（incremental）。

学习能动性：与上述项目也有关，在过去的机器学习算法中，学习者只能利用从环境中获得的信息采取被动的行动。也就是被动（passive）学习。在智能体学习中，比如说强化学习，学习者对环境采取动作、从环境中获得信息这种双向行动不可或缺。另外，在分类学习中，智能体如何选择并学习训练数据非常重要。这种学习被称为主动学习（active learning）[4]。

有限理性：由于智能体是实际环境中的动作实体，所以某种实时性是必需条件。要在推论、制定计划及学习上花无限的时间、要无限充分利用内存的想法是不合适的。也就是说我们必须要充分意识到智能体所拥有的资源（resource）是有限的，并在这种制约下，找出合理的行动。㊀

顺便说一句，之前的归纳学习理论和强化学习理论中，有很多极限确定及类似无数例题那样的非现实性设定。在学习领域，限定合理性（bounded rationality）的实现尤为重要，在被限定的时间、记忆中，它是对最佳表现的追求，也就是有限资源中的合理性。

9.2 人机交互

人与智能体交互（Human-Agent Interaction，HAI）[19] 是以人类和智能体之间的交互设计为目的的研究领域。特别是，以人类和拟人化智能体、人类和机器人，以及人类和人类之间的三种质的不同的交互设计为研究对象，弄清这些交互设计的相同点和不同点，提供各种新的观点：将交互设计中得到的知识，引入不同交互设计中的讨论；把传统的人工智能安装在智能体上的问题点，以它与人类有交互为前提 [18]。

9.2.1 HAI 中智能体定义的延伸

HAI 中的“智能体”与以前人工智能设计角度的智能体定义略有不同，它更加重视对具有交互作用的人类的解释。也就是说，当人们把智能体定义，也就是近似智能体（被称

㊀ 考虑到智能体资源的有限以及物理的实体，我们常倾向于使用术语“身体性”。——原书注。

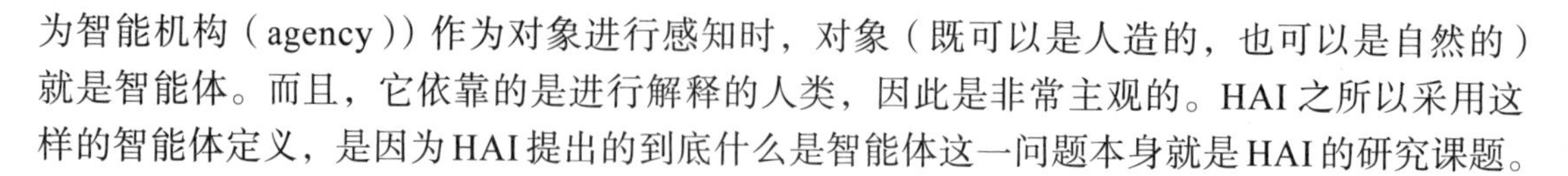
为智能机构（agency））作为对象进行感知时，对象（既可以是人造的，也可以是自然的）就是智能体。而且，它依靠的是进行解释的人类，因此是非常主观的。HAI 之所以采用这样的智能体定义，是因为HAI提出的到底什么是智能体这一问题本身就是HAI的研究课题。

9.2.2 HAI 中的交互设计

HAI 中的交互设计（interaction design）指的是人与智能体之间进行交互的信息设计。该想法也对传统用户界面设计意义上的交互设计框架进行了扩展。

人与智能体之间交互的信息设计，不仅包括对于交互信息本身的设计，还包括在智能体本身的设计中，对这种信息产生强烈影响的部分设计。以下是具体设计对象的示例。

□ **外观**（appearance）：说起来，智能体应该设计成怎样的外观、身体，仍然是未解决的问题。 为了解决这个问题，必须调查智能体的外观、智能体的其他属性（功能等）与人类解释之间的关系。

□ **交互信息的表现**：智能体必须考虑应该用怎样的表现来表示信息。一般情况下，这个表现依存于任务或智能体外观等属性。具体课题有，是利用自然语言的语音合成来说话好，还是利用非语言的表情和手势好。

□ **智能体的功能**：智能体本身应该具有什么样的功能，这种设计理论与此前的智能体设计相似，但 HAI 以实现人类和智能体的合作任务以及维持智能体和人类持续灵活的互动为目的，来实现智能体的功能。更具体的有下列设计对象。

— **智能体的学习功能**：这是一种实现从智能体到人类的适应能力的学习算法，或者反过来说，这是一种便于人类适应的智能体学习算法。

— **推测人类状态的功能**：不知道用户的状态就不能应对用户。因此，需要给智能体装备一种功能，可以推测用户现在的状态，比如说是否接受来自智能体的信息通知（notification）。

9.2.3 适应差距

接下来介绍 HAI 中的代表性研究——适应差距（adaptation gap）[12]。适应差距指的是当人类第一次遇到某一智能体时，人类推定的智能体功能 F_{before} 与进行交互后识别出的智能体功能 F_{after} 的差异，可定义为下式：

$$AG = F_{after} - F_{before}$$

虽然功能 F 本身是抽象的概念，但实际上是用数值化、向量化后方式描述某些任务的格式。在此，可以说智能体外表对智能体功能的影响很大。关于这个适应差距，可以用下列“适应差距假设”进行验证。图 9.2 所示为适应差距和适应差距假设的示例。

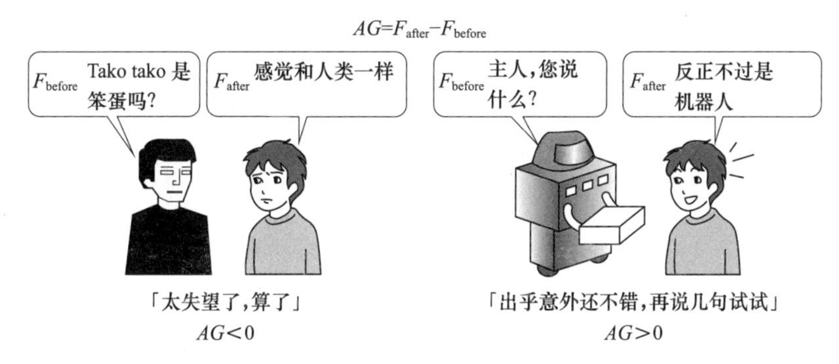

图 9.2　适应差距

适应差距假设

> □ $AG < 0$（$F_{after} < F_{before}$）：指的是用户推测功能 F_{before} 大于实际认知功能 F_{after} 的情况，也就是高估（over estimation）。此时，用户会对智能体感到失望，交互不再继续。
>
> □ $AG \geqslant 0$（$F_{after} \geqslant F_{before}$）：指的是实际认知功能 F_{after} 大于用户推测功能 F_{before} 的情况，也就是低估（underestimation）。对于超过预想（$F_{after} = F_{before}$ 时是符合预想）的智能体，可以继续进行交互。

HAI 的重点是采用一种方法论，即建立关于 HAI 设计的一些假设，然后通过参加者实验对其进行验证。这与心理学、自然科学的方法论相似。不过，HAI 毕竟具有工程意义，那就是与封装人工产品相关的假设。如果这个适应差距成立，“就可以明确最初推测功能和认识功能的差与继续互动的关系”，所以可以设计最初推测功能与实际功能没什么差别的外观，这对 HAI 来说是能得到有价值见解的假设。

而如何验证上述适应差距假设是一个问题。在此，介绍一下 Komatsu[12] 等人的研究。首先，准备反复三选一的选择题作为实验参加者的任务，在进行各选择时，由 mindstorm 制做的机器人根据振动的次数给参加者提供正确答案的建议。因为已经明确设定了 F_{before}，可以直接告诉两个参加者团队（F_H 团队和 F_L 团队）“这个机器人的建议正确答案为 X% 的正确率”。F_H 团队的 X 为 90，F_L 团队的 X 为 10。然后，进行实验操控检验，通过调查得出正确答案，进行确认。

因此，将两个团队 F^H_{before}，F^L_{before} 分别设定为 90% 左右和 10% 左右。首先以 33% 的正确率进行几次三选一游戏。这是能够识别建议正确性的探测调查（exploration），参加者可以根据正确答案识别机器人建议的正确性。因此，两个团队 F^H_{after}，F^L_{after} 正确率都为 33% 左右。最后，作为应用阶段（exploitation），反复进行同一游戏。在这个实验中，交互的继续将听从机器人的建议，因此需要查证在这个使用阶段遵循了几次机器人的建议。

这个实验的预测结果如下所示。团队 F^H_{after} 的适应差距为 $AG = F^H_{after} - F^H_{before} = 33 - 90 < 0$，此时交互不再继续。$F^L_{after}$ 的适应差距为 $AG = F^L_{after} - F^L_{before} = 33 - 10 > 0$，继续进行交互。

实际进行实验，根据建议对次数进行分散分析，可以得到预期的统计显著性。因此，尽管依赖了该实验的设定，但还是得到了支持适应差距假设的结果。这个研究，可以说是 HAI 研究法[18]中的典型案例。

9.3 智能交互系统

本章的后半部分，说明了今后人工智能的方向之一，与人类合作解决问题的**智能交互系统**（Intelligent Interactive Systems，IIS）的基本思想，并介绍了其要素技术——交互机器学习和用户适应系统。交互机器学习是协调人类和机器学习系统进行学习的框架，适应用户系统主要是在用户界面的领域中，用户在系统方面适应人类的系统的一个最基本的东西。这些都是表示智能交互系统发展方向的具体研究示例。

IIS 是以打破以往只靠智能系统单体进行（交互）的界限为目的，让人类和计算机分别承担各自擅长的任务，协作解决问题的一般框架，如图 9.3 所示。此前并不是没有这样的系统（例如，信息检索中的相关反馈（relevance feedback）），但在此前的交互系统中人类的任务是有限的，而在 IIS 中，核心研究课题有查找符合人类的任务、激发人类能力的交互设计、最大限度地发挥人类任务执行结果的算法等。

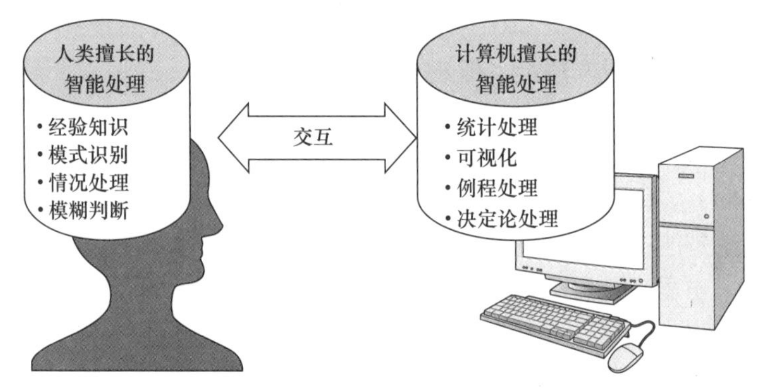

图 9.3 智能交互系统（IIS）

接下来，对作为 IIS 封装型的交互式机器学习和 IIS 设计上重要的人类适应系统之一的用户适应系统进行说明。

9.3.1 交互式机器学习

第 7 章“机器学习”中的主要学习任务，是将数据分为两类的分类学习。此处的学习目的是，通过带类别标签的训练数据（training data）获得区分类别的判别函数。

一般来说，要学习高精度的判别函数，需要大量的训练数据，这些训练数据到底是从哪里来的呢？为了研究，在实验调查学习算法框架时，会利用已经被贴上类别标签的数据集（例如 UCI 知识库），但实际应用时，多数时候机器学习训练数据是不存在的。这种情况下，自动分为和人类同等类别的需求很大，因此，通常都由人类来标记训练数据。例如，在对有猫的图像和没有猫的图像进行分类学习时，需要让人类看到图像，并在图像上标明"有猫"或"没有猫"。这个贴上标签的行为被称为标记（labeling）训练数据。

人类负责贴标签，就跟机器学习系统负责训练数据的判别函数学习一样，人类和系统分担任务，利用已学习的分类器向人类提示分类结果，人类一边观察其学习结果一边贴上新的标签，赋予学习分类系统这些训练数据，再次进行学习。这种循环的框架是交互式机器学习（interactive machine learning[7][10]，见图 9.4）。因此，交互式机器学习是智能交互系统（见图 9.3）的实现模型之一。

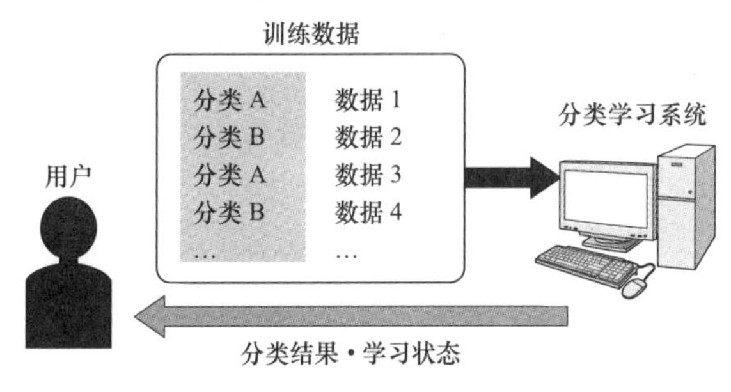

图 9.4　交互式机器学习

要使这种交互式机器学习整体顺利工作，可考虑以下课题。对于这些课题，重要的是要从学习算法和用户界面开发两方面来应对。

1. 高速学习：人类完成数据贴标签后，系统可以用其来学习，把学习的分类结果反馈给人类的时间最好在 5s 以内[7]。如果超过这个时间，人类就会积存失败，循环将变得困难，就有可能无法使用。也就是说，利用系统的分类学习算法本身必须是高速的。

2. 根据少数训练数据进行的学习：人类进行交互性标记时，很难对大量数据进行标记。因此，必须要一种算法，与普通的学习算法相比，能够以准确精度根据少数训练数据进行学习。

3. 分类结果 / 学习状态的展示方法：人类不仅负责标记，而且在选择标记对象数据时，人类将进行部分能动性学习。此时，为了帮助人类进行能动性学习，系统会将之前学习的分类结果提供给人类（图 9.4 中的"分类结果"）。但还不清楚如何展示分类结果，才能促进人类的能动性学习。另外，将系统学习进展到何种程度这一学习状态可视化，以此来促进人类的能动性学习也是很重要的，但目前也很难明确其战略。

对上述课题 3 进行追记，发现在应用附带制约聚类的交互聚类（交互机器学习和类似的框架）中，有 GUI 设计的研究[20]，促进人类对标记对象数据的选择。虽然是强化学习的动作学习，也存在社会指导下的机器学习（Socially Guided Machine Learning，SGML）[6]，这是把学习状态可视化、促使人们适应教导的研究。

另外，在交互式机器学习中，人类的任务是，不仅有给以往的数据标记，还有分类学习中的部分探索[10]、能动学习[5]、能动学习中标记数据的选择[20]，Ensemble 学习的参数调整[17]等任务，而且今后也将向引入各种各样人类擅长的任务方向发展。不过，根据现状，很难说对个人及计算机各自擅长的任务进行了有效分割。期望今后可以从认知科学的角度将人类和计算机作用分担一般化并进行明确。

另外，因 ESP 游戏而闻名的有目的的游戏（games with a purpose）和人计算（human computation）[13]，其中，用户不仅仅玩游戏，还会在不知不觉中完成做标记等任务。由此，多个工人对大规模的训练数据进行标记。另外，交互式机器学习对于如何设计用户界面非常重要，因此，多数情况下在人机交互（Human-Computer Interaction，HCI）领域进行研究[7][10]。

9.3.2 用户适应系统

有一项应用于人工智能，尤其是用户适应学习系统，也就是构筑用户适应系统（user adaptive systems）的研究。该研究主要在 HCI 领域进行，被称为自适应用户界面（adaptive user interface），可适应用户而改变用户界面。在这个自适应用户界面中，有一个自适应分频菜单（adaptive split menu），是基础的、被广泛应用的。此处利用的一种学习算法，与第 7 章“机器学习”的要点不同，它是一种类似于认知科学系列学习（sequence learning）[16]的算法。也就是说，其学习任务是观察所生成符号的序列，然后预测下一个符号。另一方面，用户能够定制用户界面等以方便自己使用，这种系统被称为适应性系统（adaptable systems）。

分频菜单（split menus）[15]是一种用区分线将下拉菜单分为两个区划（分别称为**最频区划**和**普通区划**）的菜单，如图 9.5 所示。在最频区划中，配置的是用户最常使用的 4 个菜单项目，除此以外的项目菜单将被配置到下面的普通区划。此外，各区划中菜单项目的排列顺序，采用字母顺序或者使用频率大的顺序。据实验显示，这种分频菜单的利用效率高于原来的菜单[15]。

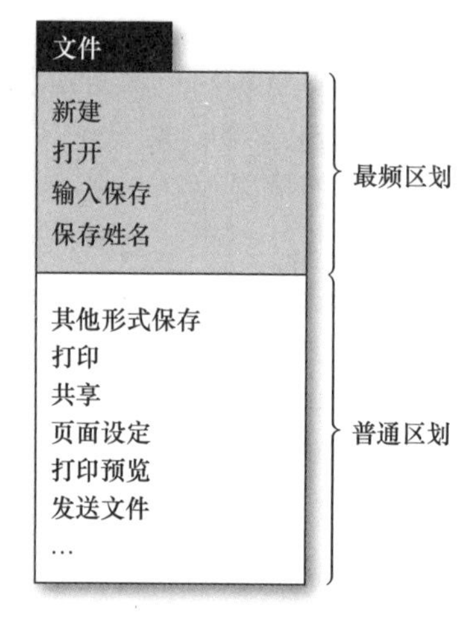

图 9.5 分频菜单

虽然在分频菜单中，最频区划的菜单项目是固定的，不过有一种自适应分频菜单，可以基于用户菜单项目的使用历史来动态地更新该菜单项目。作为其更新程序，提出了以下预测将来使用菜单项目的算法。而且，最频区划的菜单项目数为 m。

□ **MRU（Most Recently Used）算法：**将最近使用的 m 个菜单项目更新为最频区划。同时，将其他菜单项目更新为普通区划。最频区划中菜单项目的顺序，就是根据使用时间先后排列的顺序。

□ **MFU（Most Frequently Used）算法：**将此前使用次数最多的 m 个菜单项目更新为最频区划。同时，将其他菜单项目更新为普通区划。最频区划中菜单项目的顺序，就是根据使用频率多少排列的顺序。

□ **MRU 算法和 MFU 算法的组合算法：** 将 MRU 算法和 MFU 算法组合起来，更新最频区划的菜单项目。这种更新有多种方法[8]，其代表性方法是，将由下列公式更新的菜单项目 f 的 m 个最大权重 w_{f} 配置为最频区划[9][14]。

$$w_{\mathrm{f}}=\sum_{i=1}^{n}\frac{1}{p}^{\lambda(t-t_i)}$$

在此式中，w_{f} 是菜单项目 f 的权重，n 是访问过去 f 的所有次数，t 是现在的时刻，t_i 是第 i 次访问 f 的时刻，$p \geqslant 2$，λ（$0 \leqslant \lambda \leqslant 1$）。$p$ 和 λ 能够控制 MRU 和 MFU 的强度，可以通过实验决定这些参数。当 $\lambda=0$ 时，这个算法等于 MFU，p 和 λ 的值越大越接近 MRU。

不管使用上述 3 个算法中的哪一个，都可以动态地变更自适应分频菜单中最频区划和普通区划配置的菜单项目。分频菜单可以通过在最频区划内配置未来会常使用的菜单项目，以提高对菜单项目的访问效率。因此，MRU 算法实现的是一种启发式算法，即最近使用的菜单也会是将来常使用的菜单。而 MFU 算法实现的是另一种启发式算法，即过去使用的菜单项目也会是将来常使用的菜单项目这种启发式算法。而 MRU 和 MFU 的组合算法，就是取了两者的平衡。

虽然还不能确定用这三个算法中的哪一个比较好，但其中一个线索是，已知预测算法机制的易理解度和预测精度，会影响最频区划的利用频率和整体框架[11]。此外，我们一般认为 MRU 算法是用户最易理解的预测算法之一。

另一方面，“不可避免地要适应对象”，所以，用户有进行高速化访问菜单项目适应的倾向，即使是自适应分频菜单，也要记得菜单项目的顺序，减少视觉搜索（visual search）。此时，当用户记住菜单项目的顺序后，系统会变更最频区划菜单项目，就会出现相互干扰的状况。被称为适应干扰（adaptation interference）[19]。为了避免该适应干扰，可利用设计适应算法等方法，使来自系统的适应速度（自适应分体菜单的情况下为菜单项目变更时的速度）变慢、易于用户理解。

用户适应系统是智能交互系统（见图 9.3）智能设计的重要功能。系统对用户适应的重要性自不必说，但无干扰地发挥用户对系统的适应，也是实现 IIS 灵活交互的必要。为了实现这种 IIS 交互设计，用户适应系统提供了有益的知识。

习题

1. 请具体指出驾驶汽车智能体的环境、感知部分、执行部分、知识和模型、性能测度。
2. 请根据 9.1.3 节对以执行下列任务的智能体为对象的环境进行分类。
   （a）驾驶汽车　（b）诊断汽车故障　（c）chess
3. 请举出两个人体交互钟智能体定义与此前智能体定义的差异。
4. 请思考可以用于人类标记的非明示的用户反馈，并叙述其原因。
5. 请说明在用户适应系统中，可通过易于用户理解的适应算法，避免适应干扰。

参考文献

[1] M.R.Genesereth and N.J.Nilsson,“Logical Foundations of Artificial Intelligence”, Morgan Kaufmann, 1987.

[2] S.Russell and P.Norvig, “Artificial Intelligence, A Modern Approach, 3rd Edition” Prentice-Hall, 2010.

[3] 石田 亨, “エージェントを考える,” 人工知能学会誌, Vol.10, No.5, pp.663-667, 1995.

[4] 浅田 稔, “ロボットの行動獲得のための能動学習,” 情報処理, Vol.38, No.7, pp.583-588, 1997.

[5] R. Castro, C. Kalish, R. Nowak, R. Qian, T. Rogers and X. Zhu, “Human Active Learning”, Advances in Neural Information Processing Systems 21, pp.241–248, 2008.

[6] C. Chao, M. Cakmak and A. L. Thomaz, “Transparent active learning for robots”, Proceedings of the 5th ACM/IEEE International Conference on Human-Robot Interaction, pp.317–324, 2010.

[7] J. A. Fails and D. R. Olsen Jr., “ Interactive machine learning”, Proceedings of the 8th International Conference on Intelligent User Interfaces, pp.39–45, 2003.

[8] L. Findlater and J. McGrenere, “A comparison of static, adaptive, and adaptable menus”, Proceedings of the SIGCHI conference on Human factors in computing systems, pp.89–96, 2004.

[9] S. Fitchett and A. Cockburn, “AccessRank: predicting what users will do next”, Proceedings of the 2012 ACM annual conference on Human Factors in Computing Systems, pp.2239-2242, 2012.

[10] J. Fogarty, D. S. Tan, A. Kapoor and S. Winder, “CueFlik: interactive concept learning in image search”, Proceedings of the 26th Annual SIGCHI Conference on Human Factors in Computing Systems, pp.29–38, 2008.

[11] K. Z. Gajos, K. Everitt, D. S. Tan, M. Czerwinski and D. S. Weld, “Predictability and accuracy in adaptive user interfaces”, Proceeding of the 26th Annual SIGCHI Conference on Human Factors in Computing Systems, pp.1271–1274, 2008.

[12] T. Komatsu, R. Kurosawa and S. Yamada, “How Does the Difference Between Users’ Expectations and Perceptions About a Robotic Agent Affect Their Behavior?”, *International Journal of Social Robotics*, Vol.4, pp.109–116, 2012.

[13] E. Law and L. von Ahn, “Human Computation”, Morgan & Claypool, 2011.

[14] D. Lee, J. Choi, J.-H. Kim, S. H. Noh, S. L. Min, Y. Cho, and C. S. Kim, “On the existence of a spectrum of policies that subsumes the least recently used (LRU) and least frequently used (LFU) policies”, Proceedings of the 1999 ACM SIGMETRICS International Conference on Measurement and Modeling of Computer Systems, pp.134–143, 1999.

[15] A. Sears and B. Shneiderman, Split menus: effectively using selection frequency to organize menus, *ACM Transactions on Computer-Human Interaction*, Vol.1, pp.27–51, 1994.

[16] R. Sun adn C. L. Giles, "Sequence Learning: From Recognition and Prediction to Sequential Decision Making", *IEEE INTELLIGENT SYSTEMS*, Vol.16, pp.67–70, 2001.

[17] J. Talbot, B. Lee, A. Kapoor, and D. S. Tan, "EnsembleMatrix: interactive visualization to support machine learning with multiple classifiers", Proceedings of the 27th International Conference on Human Factors in Computing Systems, pp.1283–1292, 2009.

[18] 山田 誠二，"HAI 研究のオリジナリティ"，人工知能学会誌，Vol.24, pp.810–817, 2009.

[19] 山田 誠二（監著），"人とロボットの〈間〉をデザインする"，東京電機大学出版局，2007.

[20] 山田 誠二，水上 淳貴，岡部 正幸，"インタラクティブ制約付きクラスタリングにおける制約選択を支援するインタラクションデザイン"，人工知能学会論文誌，Vol.29, No.2, pp.259–267, 2014.